# 熵增定律

一切问题的
**底层规律**

墨　非◎著

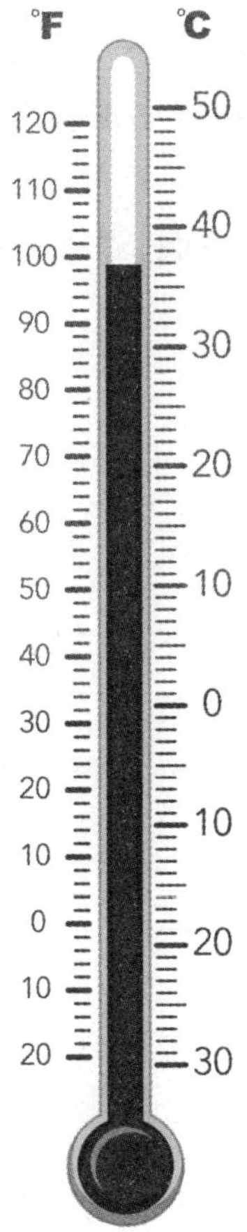


中国華僑出版社
·北京·

**图书在版编目（CIP）数据**

熵增定律 / 墨非著. —北京 ：中国华侨出版社，
2023. 4

ISBN 978-7-5113-8684-7

Ⅰ. ①熵…　Ⅱ. ①墨…　Ⅲ. ①成功心理-通俗读物
Ⅳ. ①B848. 4-49

中国版本图书馆 CIP 数据核字（2021）第 238739 号

**熵增定律**

著　　者：墨　非
责任编辑：张　玉
封面设计：天下书装
经　　销：新华书店
开　　本：710 毫米×1000 毫米　1/16 开　印张：14　字数：193 千字
印　　刷：涿州市京南印刷厂
版　　次：2023 年 4 月第 1 版
印　　次：2023 年 4 月第 1 次印刷
书　　号：ISBN 978-7-5113-8684-7
定　　价：45. 00 元

中国华侨出版社　北京市朝阳区西坝河东里 77 号楼底商 5 号　邮编：100028
发行部：（010）58815874　　　　传　真：（010）58815857
网　址：www. oveaschin. com　　　E - mail：oveaschin@ sina. com

# 前言

熵增定律是一切事物发展的底层逻辑。大到宇宙、人类社会，小到国家、企业组织、个体乃至细小的事物，其发展演化都遵循熵增定律。这也是为什么它备受推崇的主要原因。清华大学科学史系主任吴国盛说："如果物理学只留下一条定律，我会留下熵增定律。"前腾讯总裁吴军也说："如果地球毁灭了，我们怎么能够在一张名片上写下地球文明的全部精髓，让其他文明知道我们曾有过这个文明呢？我们应留下三个公式：$1+1=2$ 代表了数学文明；$E=mc^2$ 爱因斯坦的质能方程；$S=\sum pilnpi$ 这是熵的定义。"著名的物理学家埃尔温·薛定谔说："人活着就要对抗熵增定律，生命以负熵为生。"亚马逊 CEO 贝佐斯说："我们要反抗熵。"任正非大谈"华为的冬天"，都是基于对组织"熵增"的认识与应对策略。著名的管理学家彼得·德鲁克说："管理要做的只有一件事情，就是如何对抗熵增。在这个过程中，企业的生命力才会增加，而不是默默走向死亡。"……熵增定律也是极为让人绝望的定律，因为它让我们看到了万物的结局，那就是不断地走向衰亡，无论是宇宙、地球，还是人类这样的智慧生命，乃至细小的微生物等，从宏观的角度来看，熵增是一个不可逆转的过程，它是宇宙万物的终极命运。熵增定律固然让人绝望，但是在现实生活中，我们是可以通过持续性的逆势做功，开放自身的系统等方式，对抗熵增，从而提升生命质量，延长我们的生命长度。

本书从熵增定律的概念入题，让读者在详尽并且全面地了解熵增定律的基础上，从情绪、格局、见识、心理等方面，探讨那些熵减的常用方式，旨在让我们重新找回人生的动力，激发活力。其改变的本质，其实就是通过提升自我思维、践行自我行动，创造新经验，用新经验代替旧经验。创造新经验需要通过新的方法，获得新的反馈、新的强化，并切身去体验它。

千里之行，始于足下，如果你已经准备开始这次认知的升级与行为的改变，那就让我们一起来解读“熵增定律”，一起走向改变，走向持续“负熵”。

# 目录

163 / 第六章

## “反熵增”法则：有策略地塑造更好的自己



193 / 第七章

## 熵减，企业的活力之源

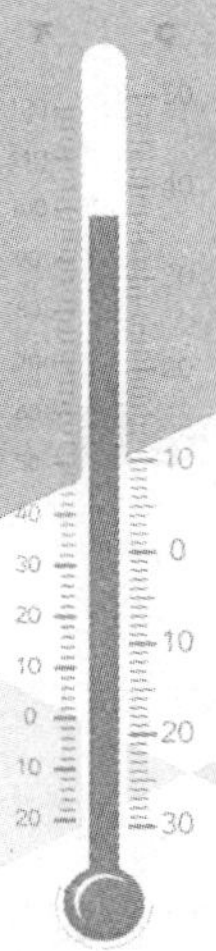

## 第一章

# 熵增定律：备受推崇的终极规律

熵增，来源于热力学第二定律的概念：能量转化过程中不会被100%利用，总会有部分损失，这便是熵增。宇宙终会衰竭，太阳终将不断衰变，房间不收拾便会变乱，头发不梳就会变得一团糟，熬夜刷抖音总是比按时睡眠更容易……本章主要从熵增定律的概念出发，详尽地解释了熵增定律的概念以及应用的领域，旨在让读者对熵增定律有极为系统的了解，并为其在生活中灵活地应用奠定理论基础。

# 什么是熵增定律

清华大学科学史系主任吴国盛说过这样一句话：“如果物理学只留下一条定律，我会留下熵增定律。”从这句话中可以看出熵增定律在科学界的分量。类似的，前腾讯总裁吴军也说过这样的话：“如果地球毁灭了，我们怎么能够在一张名片上写下地球文明的全部精髓，让其他文明知道我们曾有过这个文明呢？我们应留下三个公式：$1+1=2$ 代表了数学文明；$E=mc^2$ 爱因斯坦的质能方程；$S=\sum pilnpi$ 这是熵的定义。”那么，究竟什么是熵增定律呢？它为何如此重要？它究竟对我们有什么巨大的影响力，以致能够让多数迷茫的人得以顿悟？

熵增定律本是物理热力学定律，这里的“熵”，英文为 Entropy，最早在 1865 年由德国物理学家克劳修斯提出，即一个系统中的无效能量，用以度量一个系统“内在的混乱程度”。物理学者用它来描述一种不可逆的过程，即热量从高温物体流向低温物体是不可逆的，孤立系统的熵只能增大，或者不变，绝不能减小，最终达到熵的最大状态，也就是系统的最为混乱无序的状态。用通俗的话来说，系统越无序，熵值也越大；系统越有序，熵值就越小。所以，负熵代表着系统的活力，负熵越高意味着系统越有序。比如，你用了 100 焦的能量将物体从 A 地拿到了 B 地，这个过程中有很多能量并没有被百分百地转化，而是有部分散失到了宇宙中，这部分能量在宇宙这个相对封闭的系统中，是不可逆的，无法被再利用，而且永远在增加。为此，用通俗的话来说，熵增定律指的是在一个孤立的系统中，熵是会一直增加的，如果没有外部能量的注入，系统就会随着熵的增高而逐渐走向灭亡。这个外部能量的注入被称为熵减，意思就是减少熵的增加。

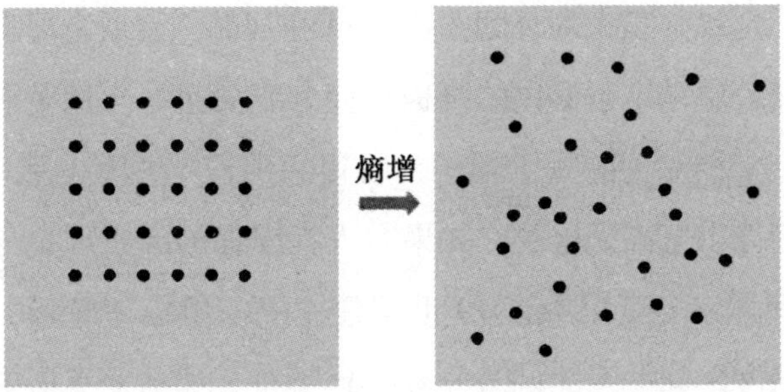


可以说自然界所有的生命与非生命的演化都遵循熵增定律，这里的生命既指个体也包括群体。这也意味着熵增定律是自然界中所有的物质演化的基本规律，无论是人与自然、组织还是系统，都有一个由有序到混乱无序，进而逐渐朝向毁灭发展的趋势，如果不加以干预，就会加速进行毁灭乃至消亡。比如我们将人体看成一个封闭的系统，那么根据熵增定律，这个系统在没有外在能量补充的情况下，会逐渐地走向崩溃，慢慢地从有序的各种器官、细胞，开始变得混乱无序，人体也就消亡了。但是，我们可以通过吃饭，即不断地补充外在能量来减少身体的熵增，激发我们身体的细胞、器官的活力，进而使身体维持在一个有序的状态中，进而通过减少身体的熵增来减缓身体的衰老与消亡。所以，用奥地利著名物理学家埃尔温·薛定谔的话来说，意思就是人活着的意义就是不断对抗熵增的过程。实际上，生活中我们通过规律的作息、科学的饮食，以及坚持锻炼的行为，都是在做熵减，即通过这些活动，使我们的身体细胞、器官尽量处于一种有序的良好状态，从而使生命保持活力，延缓衰老和死亡。

对于非生命体来说，也遵循熵增定律的运行规律。比如一个房间，如果长时间不整理，就会处于混乱的状态，直到无法居住；一个电脑系统不及时管理，也会慢慢地处于混乱状态，直到无法运行；一个大公司或组织，如果长时间处于一种封闭的状态中，内部就会陷入混乱，员工会变得官僚化，人浮于事，整体效率和创新能力也会慢慢下降，从而被社会所淘汰。一个国家如若长时间处于封闭状态，也会逐渐被世界淘汰。所以，对于非生命体来说，只有不断地用外力去干预它，并不断地做熵减，才能使其保持有序，延长其衰亡的时间。由此也可以说，熵增定律揭示了宇宙万物的运行规律，它是宇宙演化的终极规律。正如第一次用英语向世界介绍爱因斯坦的广义相对论的爱丁顿爵士所说的那样：“我认为，熵增原则是自然界所有定律中至高无上的。如果有人指出你的宇宙理论与麦克斯韦方程（英国物理学家麦克斯韦在19世纪建立的一组描述电场、磁场与电荷密度、电流密度之间关系的偏微分方程）不符，那么麦克斯韦方程可能不对；如果你的宇宙理论与观测相矛盾，观测的人有时也会把事情搞错；但是如果你的理论违背了热力学第二定律，我就敢说你没有指望了，你的理论丢尽脸……”由此可见熵增定律的权威性，这种规律包含了我们所有的生命和生命的演化规律，生命里又包含着个人和群体的演化规律。

当然，这个规律也让人有些许绝望，因为我们周围的一切生命、非生命，包括周围的组织系统乃至整个宇宙，终将归于死寂……生命终会走向死亡，太阳也会不断地燃烧衰变，直到宇宙的尽头……而我们存在的意义，就是不断地与熵增对抗，我们成长的过程也是一场不断对抗熵增的过程。生命以负熵为主，也许这就是生命存在的终极意义。正如物理学家薛定谔所说：“熵增虽然是宇宙中最让人绝望的定律，但是既然自然万物都趋向从有序到无序，即熵值增加。那么，生命万物就非常有必要且需要通过不断抵消其产生的正熵，从而使自身维持在一个稳定且低的熵值水平上。”

## 人类进化的过程，就是不断地在做熵减

我们整个人类进化的过程，实际上就是在不断地做熵减。这里的熵减，具体指物质系统向有序化、组织化、复杂化的状态变化的一种量度。我们的祖先是一种蛋白质和核糖核酸（RNA）的聚合体，科学家将它命名为LUCA，它是“last universal common ancestor”，意思是“最后的共同祖先”的缩写，它大约生活在40亿年前海底的深海热液口附近。LUCA通过从外界吸收能量来大量复制，这是一个熵减的过程，但是问题来了，宇宙的熵总的来说是不断增加的，所以LUCA的熵减导致了环境的急剧熵增。随着外界环境的不断恶化，LUCA无奈只能进化，变得更高级以适应环境的变化，于是DNA聚合体便诞生了。DNA比RNA更为稳定，也更为智能。但是这样一来，其消耗的能量会更大，吸收外界的物质也更多，从而导致环境的熵增比以往更大。所以DNA聚合体被逼着自己向单细胞演化，同样，在此过程中，外界环境的熵增再次增大，于是单细胞又开始向更高级的多细胞进化，于是寒武纪生命大爆发诞生了。

外界环境不断地熵增，生命为了适应外界环境变化，为了获得更多的能量与物质，逐渐地产生了感知能力，比如视觉、嗅觉、听觉等。从此，生命走上了更为智能的进化之路，这也是不断熵减的过程。为此，我们可以认为，整个生命的发展就是一部熵减的历史。生命的熵减过程，会加剧外界环境的熵增，于是环境会变得越来越恶劣，生命为了生存下去，为了获得足够多的能量与物质，必须变得越来越智能化……这也意味着，生命在熵减的过程中，一直在做三件事：

其一，努力到外界去汲取能量，保持自身能量的充足。比如，从化学作用到光合作用+呼吸作用；从光合作用+呼吸作用的结合体，再到多细胞生物……

其二，努力保持自身系统的开放。细胞从无法移动，到进化出游动能力、爬行能力、行走能力、飞行能力等，都是在保持自身系统的不断开放，更大可能地与外界接触。

其三，努力变得更为智能。生命为了花更少的能量来获取更多的物质和能量，不断进化出了感知能力、视觉能力和听觉能力，这样便能保证自己获得更多的外界的信息能量，这也是为了减少熵的耗散……

可以说，人类不断地走向智能化是进化的必然。人类从单细胞生物，进化成多细胞，一直到猿人、智人，直到今天的我们，这种智能化的过程也是必然的。也许有人会问：为什么生物非得需要智能化呢？难道外力做功和开放的系统还不够我们维持生命的吗？那是因为生命在不断地熵减过程中，加剧了周围环境的熵增，也就是说，我们自身的进化是以周围的环境恶化为代价的。如果生命要继续在不断恶劣的环境中生存，就需要更强的熵减能力，这种更强的熵减能力从何而来呢？显然光靠光合作用和呼吸作用，以及开放系统是远远不够的，还需要通过自身的不断变化，即变得更为聪明和智能来减少能量的耗散。

随着社会的不断发展，我们的生存环境也变得越来越艰难，为了生存，我们必须练就更为强大的生存能力。比如从农耕时代到工业时代，到现在的互联网时代，到未来的人工智能时代……这也是当今我们的竞争力越来越大的原因，也是社会越发达我们就会变得越焦虑的原因，因为外界环境不断地在熵增。而对于我们人类来说，熵减的终极方向便是智能化，我们也必须变得越来越智能，才能适应不断熵增的社会环境。

那么，身为当下的我们，如何才能让自己变得越来越智能化呢？关键在于要降低信息熵。所谓的信息熵，就是用来度量信息的不确定度或者说信息的混乱度，信息熵越大，不确定性也就越大。当你能获得更多的信息，便会消除对人生和生活的一些不确定性，那自身产生的熵就会减少。而当你无法获得更多信息，自我认知有局限的时候，要完成一件事情，就需要付出更多的能量，便会产生更多的熵。这就好比一个学霸和学渣要完成同一套试卷，两者所使用的时间和能量一定是不同的，学霸一个小时可能就轻松完成了，而学渣用三四个小时也不一定能做出来，前者因为掌握了一些确定性的“信息”，所以付出的能量就少，产生的熵自然也就少，而学渣因为未掌握信息，自然做题就费力一些，付出的能量也就多，产生的熵自然也就多。这也是为什么历来伟大的人物都重视学习、重视阅读的重要原因。正如查理芒格所说：“我这辈子遇到的聪明人，没有不每天阅读的，没有，一个都没有。”沃伦·巴菲特说：“我读书之多，可能会让你感到吃惊。”所以，我们要变得更为智能，就要最大限度地学习、阅读来获取确定性的“信息”。而智能充当的角色，就是从无序中发现有序，减少大量无故能量的耗散，实现生命的熵减，同时也用来适应不断熵增的外界环境。

在当下的社会中，无论是组织还是个人，如果你想站在更高的维度看世界，光做功和开放是不够的，你还得通过学习、阅读，最大限度地扩大你的眼界和提升自我认知，最大限度地降低你的信息熵，即依靠付出最小的能量产生更大的功效，达到四两拨千斤的效果，这也是让我们变得更为“智能”的必经之路。

## 社会发展，也符合熵增定律

熵增定律之所以倍受科学界大佬的推崇，是因为它不仅揭示了宇宙变化的规律、人类进化的规律，同时，人类社会领域的发展也符合这一规律。澳大利亚前总理陆克文写过一段话：“任何国家间关系的体系都会自然趋向混乱，任何国际秩序一旦建立，便会自然地走向衰退和败落，最终回到无序状态。”他描述的就是熵增概念。

回顾世界史，国家间达成共识、建立秩序以后，就必须要不断地付出努力和投入，才能保持未来的存续，这个共同的努力和投入就是熵减。回顾中国的封建史，也符合熵增定律。通过建立一个新王朝，然后王朝在熵增中衰败，接着又通过新的人群起来革命，又建立新王朝，循环往复。由于封建王朝自身没有熵减机制，只能通过不断地革命，不断地改新、变革来做熵减。比如秦朝的郡县制，用官僚政治取代了以往的血缘政治，大大加强了中央集权和国家的统一；隋朝的科举制度，彻底打破了血缘世袭关系和世族垄断，打通了社会阶层的流动，同时也为国家选用了大批的人才，激活了社会发展的活力……这些都是封建王朝自身在做熵减，以维护自身的统治。一个封建王朝从创立，到在革新中不断强大，再到衰败，都遵循熵增定律。纵观历史，每个中国封建王朝的灭亡，很多时候并不是被对手击垮的，而是由于自身内部的矛盾，比如宋朝灭亡是因为内部的冗兵、冗官、冗费不断地削弱国力，再加上南宋后期政权越来越腐败、赋税增多、劳役沉重、土地兼并现象极为严重，致使民不聊生，农民起义遍布了南宋的统治区，再加上外围势力的强大，致使其最终走向灭亡；大唐王朝也是因为后期政权腐败、赋税增多、土地兼并严重，致使民不聊生，才最终被推翻；而清王朝也是因为内部政权腐败，再加上统治者自大、封闭等，致使其在时代的风口失去了转向的能力……最坚固的堡垒往往都是从内部攻破的，这个内部的“罪魁祸首”，就是熵增。

在中国的封建历史中，出现过诸多的变革，商鞅变法是其中影响极为深远的。在春秋霸业中，秦国一直偏处于西北一隅，在中原的征战中历来都不是主角。在战国初期，中原人都看不起秦人，认为它经济文化落后，政治影响力极低，而且国力贫弱。直到公元前 359 年，秦孝公招募贤良，有意励精图治。

当时的商鞅来到秦国后，便开始向秦孝公进行游说。很快，秦孝公便被商鞅的变革理论所吸引。于是，变法一开始便遭遇到了以甘龙、杜挚为首的保守派的反对，双方便在朝堂上展开了论战。

客观来讲，商鞅变法本身是一种社会熵减，其间必将遭到阻碍和为社会带来某些伤痛。在当时，甘龙、杜挚的主张也是有道理的，并非只要改革就一定是好的。当人民习惯了一种制度的时候，在短时间内对其做根本性的改变，会对社会造成巨大的损耗，给人民带来诸多的不便，尤其是在交通、通信都不发达的古代，其影响更甚。所以“利不百，不变法；功不十，不易器”也并非毫无道理的。但是，在战国那个大变革时代，商鞅的做法的确为扭转秦国的国力起到了极为关键的作用。

公元前365年，秦孝公任商鞅为左庶长，开始实行第一次变法。那一次变法的核心是“法治”和“耕战”，其主要内容有：其一，改革户籍制度。强制要求成年男子分家，推行小家庭制。据史料记载：明确家中如果有两个以上成年男子不分家的，就要使他们的赋税加倍。其目的就是要制造更多为国家承担兵役和徭役的户口单位。这条同样与儒家所倡导的大家族礼法的宗法相违背，到曹魏的时候，朝廷便废除了这种“异子之科”，规定如果父亲不允许的话，儿子便不能分家单过。其二，边坐和告奸制度。就是将民户按什伍编制起来，五家为伍，十家为什，要他们相互监视，纠举“奸人”，隐藏不报者连坐。告奸者与斩敌首者同赏，匿奸者与降敌者同罚，不告奸者腰斩。这也是商鞅为防止和打击民众反抗活动而采取的措施，这一举措是为了整治社会内部的秩序，属于典型的熵减行为。其三，发展生产。奖励耕织、重农抑商。据史载：复免，谓免除徭役，即奖励农业劳动模范，以农为本。经商者及因懒惰致贫他得，都要将他们和他们的妻子儿子进官府做奴隶，以此来驱使人民都只从事耕织本业，并杜绝人力、物力等资源的浪费。其四，奖励军功和禁止私斗。商鞅通过奖励军功和禁止私斗来锻造一支战无不胜的强悍秦军。据史料记载，对于血缘上是宗室的子弟，如果没有军功，其名字也不能写进皇亲国戚的花名册中，相当于取消其宗室的身份。其目的在于建立功绩制社会。一切的社会待遇和生活享受，包括占有土地和房屋大小、衣着等级、役使奴仆的多寡等，都只根据所处爵位来确定。社会上的富商和大地主再怎么有势，也不能越过爵位制度享受高等级的待遇。他的这项制度疏通了秦国社会阶层的流动，激活了秦人为国立功的积极性，为建立强悍的秦军打下了制度基础。

……上述种种，商鞅所变法的每一项内容，实际上都是在给秦国的社会做熵减，也正是这样的变革，使得秦国的国力开始变得强盛起来，最终经过几代秦人的努力，陆续灭掉其他的诸侯国，一统天下。而由商鞅变法确立的体制在中国也延续了两千多年。

一定的社会形态持续时间的长短，往往取决于统治者如何控制社会的熵增。欧洲历史上的熵减是什么？是文艺复兴和工业革命。比如英国，其在封建时期制定的《自由大宪章》对当时的王权、神权都做了限制，促进了先进生产力的发展……这些都是统治者控制社会熵增的有效形式。

根据熵增理论，在一个国度中，开放是维持国家稳定的前提。比如在一个极为封闭的社会，缺乏外界的负熵流入，按照熵增原理，社会也必然走向无序，甚至极度的无序，如此便有可能引起社会的变革。身为政府，为了维护自身的统治，必须要想方设法来降低社会的熵。比如制定极为严格的法律，通过法律使社会变得有序，也就是降低社会熵。

## 对抗熵增，是幸福之源

人类的进化与社会发展，其本质都是在对抗熵增的过程。这个过程也是不断摄入能量，创造秩序的过程。我们的生命体在清醒时，多半时间都是在努力创造秩序。从大的方面来说，通过努力发现和探索新能源，是为了创造更有秩序的地球环境，让居住环境更宜人、舒适；我们每天去上班，创造经济价值，实际上就是通过消耗自我能量将秩序较低的原材料和信息转化为更有序的产品或服务。从小的方面来说，我们每天起床后用餐，就是通过从外界摄取能量，让生命体更有秩序，从而保持健康；我们每天会收拾房间，打扫卫生，就是为了使自己的居住环境更有秩序；我们每天学习、汲取新的知识，就是通过消耗自我能量让头脑中的信息变得更有逻辑、有秩序、有条理，从而促使我们时刻保持理性，遇事不慌乱，并遵循规律去创造更多有秩序的事物……这些创造秩序的过程固然是痛苦的，但它却能为人带来幸福感。我们一旦停止创造秩序，就会产生巨大的失落感。这种失落感是生命体自带的，一旦生命体感受到一切都在走向无序，人就会丧失幸福感，进而逼迫自己继续创造秩序。生活中，我们多数人可能都有类似的体验：一旦失业或停止工作，内心就会产生巨大的失落感和恐慌感；一旦我们的房间或办公室凌乱不堪、杂乱无章，心情就会异常糟糕；一旦停止学习，去刷短视频，我们就会感到无聊、空虚和寂寞，而一旦投入学习就会产生满足感和充实感……所以，对抗熵增，创造秩序，是我们个人幸福感产生的主要源泉之一。

在生活中，很多人觉得懒惰、散漫、安逸是休息，是福气，实际上，它意味着我们要停止创造秩序，停止与熵增对抗，最终它带给人的是无聊、倦怠、消沉和空虚，它带给我们的实际上是恒久的痛苦。

很久以前，一个人死后，发现自己来到了一个极为美妙的地方。那里有花园美景，有绝色美女，有令人眩晕的娱乐节目，还有享用不尽的美食。

这里的仆人告诉他说："从此之后，您就是这里的主人了，这里的东西您想吃什么就拿什么，想玩什么就玩什么，这里的所有一切都可以自由地尽情享用。"这个人极为庆幸：生前自己每天日夜奔波、劳作，忙碌不已，盼望的不就是有一天能过上这样的日子吗？于是，他每天都浸泡在美色与美食之中，得到了前所未有的快乐。

就这样，日子一天天地过去，他发现美食不再那么可口了，游戏也越来越乏味了，那些曾经让他感觉天仙般美丽的女人们再也提不起他的兴趣来了。他每天早晨醒来以后，也不知道如何打发时间，于是就对仆人说道："这样的生活真是太过无聊了，真的太空虚了，我需要做一点事情，你能给我一份工作做吗？"

让他感到意外的是，这个要求被拒绝了。仆人说道："很是抱歉，这里没有工作可以给您做。”在沮丧之余，他愤怒地说道：“这里真是太无聊了，早知道这样，您还是送我去地狱好了！”听了他的抱怨，仆人温和地对他说道：“先生，您以为这里是什么地方呢？这里就是地狱啊！”

这个故事从侧面告诉我们，生命存在的意义在于通过做功创造秩序，对抗人生的熵增，人生的诸多幸福感皆源于此。对此，著名心理学家丹尼尔·卡尼曼在《思考，快与慢》一书中表示：幸福感背后有生理依据，它不是哲学，而是生命体本身就有的。当人创造秩序时，多巴胺便会起作用，这是人体自带的生理功能，服务于人类生存所需。创造秩序，感到快乐，是进化机制的自我选择。所以，对于自我个体来说，对抗人生的熵增，努力创造秩序感，就是在创造快乐和幸福。

在创造快乐和幸福感上，王阳明以及儒家所倡导的学说，抓住了问题的根本。换言之，儒家其实是一门和幸福相关的学问。孔子一生最核心的追求便是：秩序。春秋时期礼崩乐坏，社会走向无序，孔子穷尽一生就是在找回秩序，或者说他通过建立学说，重建社会的秩序感。

孔子曰：“八佾舞于庭，是可忍，孰不可忍。”这体现的是孔子以礼规范君臣和官民行为的思想，旨在让每个人都按其位，做自己该做的事情。在他看来，每个人都做好自己的本分，整个社会就能回归到本来的秩序中去。这也是孔子一生奋斗的核心目标。孔子的“克己复礼”，其实也是希望我们每个人都能从内在找准自己的位置，对外按照规矩行事。儒家强调的文明实际上“差序格局”，即人人都按秩序找准自己的位置，这样整体社会才有秩序，但秩序是有差别的秩序。从这一点说，儒家抓住了人类社会发展的根本，即秩序和规范，这是生命的意义，也是个人幸福感的源泉。对我们个体来说，制造好的秩序并规范它，幸福自然就会到来。

## 生命就是一场不断抵抗熵增的旅程

熵增定律告诉我们，一个封闭系统在无外力做功的条件下，终将归于消亡。这也意味着，任何一个系统，只要满足两个条件：封闭性与无外力维持，它便会趋于混乱与无序，然后逐渐走向消亡。要想延长系统消亡的时间，就必须要打破这两个条件，通过熵减来实现。

首先，什么才是封闭的系统？实际上，不与外界环境、物质、能量和信息交换的系统都称之为“封闭式系统”。一个封闭的系统可能走向混乱、无目的，以及怠惰状态的趋势。熵增的第二个条件，即外力维持，即指系统外有新的能量进来维持。这也意味着，在一个封闭的系统中，如若无外力来维持，那么这个系统就会一直处于熵增状态，直到整个系统的崩溃、消亡。以上两个条件是系统熵增的基础。这就好比一个人的大脑，若将一个人关在封闭的房间里，将他与外界完全隔绝，那么这个人就会出现“熵增”的状态，比如会开始变得无知、愚蠢，让其逐渐地丧失斗志、毫无生活目标，开始变得怠惰……再比如，一个运行良好的企业，如果内部是封闭的，即没有新的员工加入，老的员工也不学习，不参与任何职业培训、企业内部的制度或文化也没有任何的革新，也不参与市场竞争，那么这个企业就会一直处于熵增状态，内部员工思想开始变得守旧，开始人浮于事，企业的内部也会逐渐地开始变得混乱不堪，慢慢地，企业也会走向衰落，直到被市场淘汰。所以，对于一个系统来说，要想维持其消亡的时间，就必须要打破这两个条件，即将系统处于开放的状态，同时也要源源不断地增加外界能量的进入，以通过熵减来实现。

实际上，生命过程就是向着熵增的方向变化的，而生命本身的意义就是一场不断抵抗熵增的旅程。我们每一个生命个体最终都将走向衰老、死亡，再被自然界所降解，从有序到无序，这与熵增原理是一致的。但个体的生命过程还存在发育、分化、成长的阶段，生命系统也是由简单到复杂、由低等向高等进化的，生物机体内部总是维持着高度的结构有序，体内的各种生化反应都定时、定位、定量地发生，受到严格的控制。正如薛定谔在其著作《生命是什么》中所说：“熵增过程必然体现在生命体系当中。而当生命的孤立系统处于均匀一致的环境中时，其中的运动最终会趋于静止，温度趋于均匀一致，化学反应最终也会停止，也就达到了熵的最大化，生命也就终止了。”这意味着，生命体系中的熵也是不断增大的，也只能是从有序向无序发展。但是生命体系则打破了熵增的条件，即通过开放和向外界寻求能量来抵抗自身的熵增，最为典型的就是进食行为，我们从食物中汲取了“负熵”来维持生命的有序，即“新陈代谢的实质就是及时全部消除有机体无时无刻不产生的全部负熵”。用通俗的话来说，新陈代谢的实质就是生命体汲取低熵、排出高熵物质的过程。我们身体所摄取的多糖、蛋白其分子结构的排列是非常有规则的，是严格有序的低熵物质，而其排泄物（二氧化碳、尿、汗等）却是相对无序的，这样就等于我们以进食的方式在人体中引入了负熵流，致使身体系统的熵减少。当身体系统的总熵值相对低时，生命则处于生长、发育的阶段，向着更为高级有序的结构迈进。当熵值稍大一些时，生命体则维持在一个稳定、成熟的状态，而熵值再变大一些时，疾病、衰老则找上门来了。疾病和衰老可以看作生命体短期和局部的熵的增加，从而引起正常生理功能的失调和无序，治疗则是通过外部力量，比如药物、手术、饮食、保健等干预机体，促进吸纳低熵、排出高熵。

在现实生活中，我们平时通过健康饮食、锻炼身体来抵御身体本身的熵增。而从社会学的角度来说，生命也必须通过不断学习提升自我认知、通过交际拓宽见识等方式进行熵减，从而激发生命的活力，使自己保持竞争活力，以更好地生存。

在课堂上，老师给学生做了这样一个小游戏：

老师在黑板上画了一个圈，紧接着便在圈中画了一个人，然后他又在圆圈里面加上了一座房子、一辆汽车和一些朋友。

然后老师对同学们说："这是你的舒适区，这个圆圈里面的东西对你至关重要，你的住房、家人、朋友，还有你的工作，在这个圆里面，你会觉得很自在、安全，因为这里面没有危险也没有争端。"

"现在，课堂上谁能告诉我，当你跨出这个圈子后，会发生什么？"教室里瞬间鸦雀无声。

一位积极的学员站了起来说"会害怕"，另一位说"会犯错"。

这时候老师微笑地说："当你犯错误了，其结果是什么呢？"最初回答问题的那个学员大声地说："我可能会从中学到东西。"

"是的，你会从错误中学到东西，当你离开舒适区后，你学到了以前不知道的东西，你增加了自己的见识，所以你会进步。如果你不离开这个圈子，你的熵值会不断增加，最后自己会越来越混乱，不知道未来要做什么。"老师回答说。

老师再次转向黑板，在原来那个圈子以外画了一个更大的圆，还加了一些新的东西，如更多的朋友、更大的房子等，接着又说道："如果你总是在自己的舒适区里打转，你将无法扩大自己的视野，永远无法学到新的东西，只有当你跨出舒适区以后，你才能使自己人生的圆圈变得更大，你才能不断地熵减，变成一个优秀的人。所以，如果你想变得更好，那么就不能任由自己随心所欲地放纵和发展，比如吃，会让你变胖；玩，会让你失去斗志等，最后一切都无序混乱了。在我们身边，这样的案例有很多，他们不知道如何下手，浑浑噩噩，得过且过，一辈子3万天就这么浪费掉，最后熵值越来越大，丧失了控制自己生活的能力。"

老师的话告诉我们，生命的意义就在于不停地对抗"熵增"，只有少部分意志坚定的人才能做到自我管理，多数人都是作息不规律、饮食不规律、学习不规律，从而让生命处于熵增状态，直到对健康和生活失去掌控感，陷入混乱状态。这也进一步证实了薛定谔的论断。从生物学的角度来说，人类最为典型的表现就是进食行为，我们从食物中汲取了"负熵"来维持生命的有序，正如薛定谔在其著作《生命是什么》中所说：“新陈代谢的本质是，生物体成功地使自己摆脱在其存活期内所必然产生的所有熵。而当生命的孤立系统处于均匀一致的环境中时，其中的运动最终会趋于静止，温度趋于均匀一致，化学反应最终也会停止，也就达到了熵的最大化，生命也就终止了。”这也意味着，新陈代谢的实质就是及时地消除有机体无时无刻都在产生的熵，机体也是在新陈代谢的过程中成功地从周围环境中不断地吸收负熵，向周围环境释放其生命活动不得不产生的正熵来维持生存和进化。而从社会学的角度来说，生命也必须通过不断学习提升自我认知、通过交际拓宽见识等方式进行熵减，从而激发生命的活力，使自己保持竞争活力，以更好地生存。

## 对抗熵增，就要不断打破“平衡态”

从物理学的角度讲，熵增定律主要是指热量从高温物体流向低温物体是不可逆的，孤立系统的熵只能增大。而如果在这一个封闭的系统中，所有物质的温度都一致，即达到平衡态，即内部的热量或能量不再流动，那么这个系统也便处于死寂的状态了，这也表明这个系统的熵达到了最大值。正如卡洛·罗伟利在《时间的秩序》中所说：“世界运转需要的不是能量，而是低熵。没有低熵，能量会稀释成相同的热量，世界会在热平衡状态中睡去，过去和未来不再有分别，一切都不会发生。”这也告诉我们，任何一个系统，要想保持活力，就必须要不断地打破平衡态。

从物理学的角度，所谓的平衡态是指在没有外界影响条件下热力学系统的各部分宏观性质在长时间里不发生变化的状态。这里所说的没有外界影响，是指系统是孤立的，与外界没有相互作用，既无物质交换，又无能量传递，无能量传递也就意味着不做功和传热。用通俗的话来说，当一个非活系统被独立出来，或是将它置于一个均匀环境中，所有运动就会由于周围各种摩擦力的作用很快地停顿下来，电势或化学势的差别就会逐渐消失，形成化合物倾向的物质也是如此，由此热传导的作用，温度也逐渐变得均匀。因此，整个系统最终慢慢地退化成了毫无生气、死气沉沉的一团物质。于是，也就达到了被物理学家们称为的“最大熵”，这是一种持久不变的状态，在其中再也不会出现可以观察到的任何事件，它已经归于死寂。所以，要使物质避免陷入“平衡态”，就要最大限度地放开本身的系统，尽可能地与外界保持能量的传递或流动，不断地激发系统的活力和生命力。这就好比，人的身体系统要维持应有的生命力，我们就必须要从外界汲取必要的食物，即从外界获取的食物能量转化为身体的热量。否则，如果将人体当成一个封闭的系统，不从外界汲取物质和能量交换，那么长时间下去，人体内部的热量就会达到一种平衡，即人体便处于死寂的状态，生命也就不存在了。在现实生活中，当我们个人一直处于封闭的环境中，不与外界进行互动、沟通或交流，只躺在属于自己的舒适圈中，那么我们也会变得呆板、混沌。

迈克经过几年的打拼，终于成了某科技类公司的部门经理，有了经济实力，但是却是每天加班，最近，他整日向周围的人抱怨有多么地讨厌自己的工作。他说他根本不想做这份工作，但除了能做这份工作，还真不知道自己还能干什么。

迈克的另一位朋友瑞琳大学毕业后出国读了研究生，为的是回国实现当老师的心愿。几年之后，她如愿地当上了老师，刚开始的半年她极为开心，认为自己的愿望真的实现了。最近她却频频向朋友抱怨，认为做老师其实也没什么意思，就是学校和家，两点一线，自己想学的东西根本没有学。

其实，迈克与他朋友的案例是多数人的“缩影”，即为典型的在自己的封闭系统里，不断地熵增所带来的结果，并且随着时间的流逝，人生的“熵值”越来越大，直到最后，思维停滞，毫无生气地活着。这也印证了那句话：很多人在 20 岁就已经死去，到 80 岁才埋。所以，要想活出丰盈、蓬勃的人生，就必须不断地抵抗熵增，不断地打破人生各个阶段的“平衡态”。

那么，在现实生活中，我们该如何远离“平衡态”呢？那就要以开放的姿态去与他人交流、沟通，去通过学习增加见识，主动去参与人生的各种“挑战”，主动走出舒适区，主动学习，时时让自己在危机中不断成长。

一个人在舒适区中，就相当于进入了暂时的“平衡态”。在现实生活中，我们可以将人所处的状态分为三个区域，如图所示：

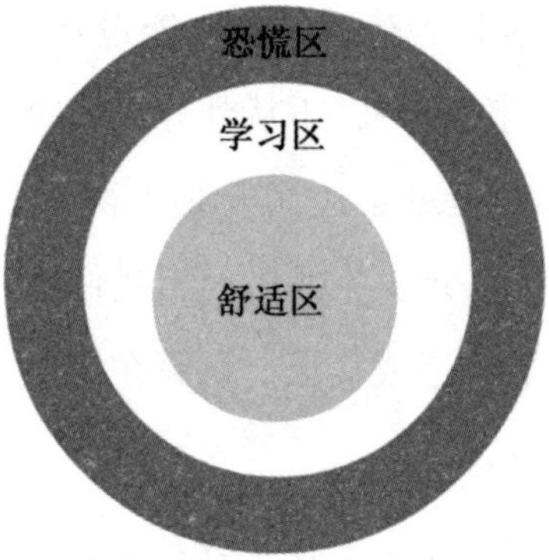


很显然，最里面的一圈是舒适区，它代表的是对你来说没有学习难度的知识或者习以为常的事物，自己可以处于非常舒适的心理状态；而中间一圈的“学习区”，代表的是那些对你来说有一定的挑战性，因而会让你感到不适，但是不至于太难受的工作、学习和思考。而最外一圈则是“恐慌区”，它代表的是超出你能力范围太多的事务或知识，心理感觉会严重不适，可能导致崩溃以至于放弃学习。我们每天待在舒适区里，每天做起事情来都是得心应手，因为每天都处在熟悉的环境中，做着自己在行的事情，与熟悉的人交际，甚至你就是这个领域的专家，对这个区域中和人和事都感到极为舒适。这就是暂时的“平衡态”，因为你无须过多努力就能使所有的事物都达到一个相对平衡、比较舒适的状态。然而，对于我们来说，平衡态是熵最大的时候。这个时候，你学到的东西极少，进步也极为缓慢，缺乏挑战性和流动。这看似是一个平衡安逸的环境，却是危机重重，也就是“假性的繁华”。

处于舒适区中的我们，也就意味着你的人生暂时进入了阶段性的最大熵值。这个时候，要想对抗人生的熵增，就必须要远离平衡态，也就是想办法让自己离开那个让你感到极为舒适的区域，主动走向“学习区”，甚至是“恐慌区”。

张琳是一家公司的业务人员，业绩做得好是因为她付出了巨大的努力。从五年前入职时候的菜鸟，到对业务颇为熟练的精英，再到当下的公司业务骨干，她付出了许多汗水。如今的她又开始涉足公司的其他工作，比如跟广告部的同事学习设计，而且还小有所成……几年过去了，张琳还努力地学习过英语，如今的她已经可以用英语进行简单的交流了，同时她也想着如何去帮公司拓展海外的业务……周围的同事曾问她，做业务已经够累人的了，为何还要那么辛苦地去涉及和学习其他的东西呢？张琳笑着说：“对公司的业务做得很熟练了，那时候再不给自己找点新奇的事情挑战一下，就会陷入一路混沌的状态……我知道，那种状态会给我带来极为糟糕的体验……久而久之，我整个人可能就废掉了，所以，我必须得让自己忙碌起来，不断让自己走出舒适区，多些挑战就多些机会，这样也能使我始终保持活力！”

一个人进入舒适区，也就意味着他暂时进入了“平衡态”，这个时候如果不去找寻新的目标，挑战自己，激发新的活力，就会进入一种混沌的状态，久而久之，就会陷入一种“干什么都觉得没劲，明明是在磨洋工，却还是觉得累”的状态。所以，对于我们个人来说，不断地给自己设立新目标，确定新计划，才是打破平衡态的关键。这个新目标、新计划不一定要有多么地宏大，哪怕是做一个好看又美味的蛋糕，写一篇高质量的报告，去爬一座小山，打卡一处新的风景等，只要你不断地去尝试，去探索未知，你就能与更多的人与事发生链接，就是在不断地打破人生的平衡态，就是在给自己人生做熵减。

亚马逊 CEO 贝佐斯就是这样做的：

他将亚马逊的自营电商业务扩展到 AWS 云服务、FBA 物流体系。而且，亚马逊在做自营电商的时候，还大胆引入了第三方卖家，让他们都在亚马逊上开店，跟自己的自营店竞争。亚马逊以网上卖书起家，但贝佐斯依然不甘心，开发出 kindle 阅读器用电子书打败自己的纸质书。如果亚马逊只停留在自己看似极为强大的自营电商业务里，在一段时间内，它当然能够获得不错的利润，达到一种稳固的平衡态。但是，他深知，随着时间的推移，企业就一定会越来越缺乏活力，缺乏创新，最终走向死亡。

正因为贝佐斯非常清楚"熵"对于一个企业的严重危害，所以他在努力将亚马逊每一次好不容易建立起来的平衡感推倒，不断把钱和资源投入新的领域，在企业内部创造各种形式的竞争。

也正因如此，亚马逊创造了重量级的明星业务，贝佐斯也成了全球首富，这就是远离平衡态，与熵增对抗的巨大力量。

生命只要存在，就要不断地与"熵增"对抗，而对抗"熵增"本质就是要不断地打破"平衡态"，而在这个过程中，我们就要不断地挑战，给自己设立新的目标，不断去突破，进而达到更好的生命状态。

## 做熵减，就要学着停止"内耗"

内耗，即一个系统本身所消耗而没有对外做功的能量，是一种熵增行为。当一个系统处于内耗时，就会产生诸多的无效能量，从而致使系统内部的熵值增大。比如，当一个组织内部的人员无心工作，将大部分精力都消耗在内部人员的争权夺利上，那么这个组织内部就会陷入混乱，人心惶惶，久而久之这个组织便会走向衰落。同样地，当一个人在工作时情绪处于失控状态，就是一种内耗行为。从本质上说，内在情绪的失控是因为内在力量出现了矛盾和撕扯，这势必会使人的整个状态变得越来越混乱，这是生命的熵增。所以，要对抗熵增，就要学着停止“内耗”，减少内部无效能量的产生。

工作有一点变化，就彻夜辗转难眠，担心领导对自己不信任；考试还未开始，就担心自己考不过；恋人没有及时回复信息，就开始胡思乱想；遇到事情需要选择，就左右为难，纠结很长一段时间……焦虑、犹豫、纠结、自责……这些看不见的内耗，就是熵增！我们内心不断爆发的“战斗”实际上都引起了不同程度的自我消耗，它能摧毁我们的热忱与行动力，干扰我们的理性思维，甚至做出极端和悲惨的行为。

1936 年 9 月 7 日，世界台球冠军争夺赛在纽约举行。众多选手中，路易斯·福克斯的成绩非常好，一路杀进决赛，只要再得几分便可稳拿冠军了。就连组委会也都开始准备为福克斯颁奖。

然而就在这个时候，出人意料的事情发生了：轮到福克斯出杆时，他发现一只苍蝇落在主球上了，于是挥手将苍蝇赶走了。

谁知，就在福克斯准备再次击球时，那只苍蝇又回来了。不得已，福克斯在观众的笑声中再一次起身驱赶苍蝇。这只讨厌的苍蝇破坏了他的情绪，而且更为糟糕的是，苍蝇好像是有意跟他作对，他一回到球台，它就又飞回到主球上来，引得周围的观众哈哈大笑。

这只苍蝇一遍遍地与自己作对，让路易斯·福克斯的情绪有些失控了，他狠狠地握紧了拳头。当这只苍蝇再次出现时，他愤怒地用球杆去击打苍蝇，球杆碰到了主球，裁判判他犯规，他因此失去了一轮机会。

这次失误，使福克斯方寸大乱，之前的战术全部丢到了脑后。他的这种表现激起对手约翰·迪瑞的斗志，他愈战愈勇，终于赶上并超过了福克斯，最后拿走了桂冠。

就在所有人都以为这件事终于画上了句号之时，第二天早上人们在河里发现了路易斯·福克斯的尸体。没有人想到，因为内在的愤怒，福克斯居然投河自杀了！

这件事在当时引起了巨大的轰动，因为没有人想到，所向无敌的世界冠军竟然被一只小小的苍蝇击倒了。更没有人想到，一次愤怒，竟能使一个人做出以结束自己的生命来泄愤的蠢事。

福克斯本身具有高超的技术，但是因为一只苍蝇而使内在陷入了消耗状态，这种内在的消耗本身就是熵增行为，最终使自己一败涂地，甚至为此还付出了生命这种极为惨重的代价。印度哲学家克里希那穆提说过："我们的能量很大，只是损耗在冲突、恐惧、无事忙碌的喋喋不休当中。"

生活中时刻都有挑战。但挑战本身不会带来痛苦，自我内在的冲突、战斗所引发的内耗才是我们痛苦的根源。比如爬山，当艰难跋涉于陡峭的山路，双腿如同灌铅时，如果我们注意到的是奇花异草、清新的空气、登顶的快乐，那我们会享受"双腿如灌铅"所带来的乐趣；如果我们关注自我内在的矛盾、冲突或战斗，如"我太累了，真是不该来活受罪!"或者"我的身体素质真的太差劲了，这该如何是好?"那么，你的"双腿如灌铅"就会变成一种痛苦和折磨。

内耗对个人生活的影响是多方面的：首先，它会耗尽我们本可以用于应对挑战、解决问题的身心资源或能量，让我们无力行动；其次，它会因其无效的问题解决模式，让我们丧失对生活的掌控感，陷入更为深刻的痛苦中无法自拔。所以，从现在开始，我们要懂得去关闭自己的内耗模式，不再与自己较劲，合理且充满智慧地处理自己内在的矛盾或冲突。

## 人很容易懒散，因为它符合熵增定律

熵增定律告诉我们：事物总是会向着熵增的方向发展，所以一切符合熵增的，都会让人感到极为容易和舒适，因为你无须去借用外力。比如懒散，躺在床上刷短视频比看书显得舒服和容易，是因为躺在床上刷短视频符合熵增定律，你只管顺着生命发展的无序和混乱方向行进，无须做出什么努力。而阅读则能增加你的见识、培养你的思维力，使你重拾对生活的掌控权，使人生向有序发展，所以它是一种熵减行为，而比起躺在床上的懒散行为，阅读会给人带来不适感。同样地，我们享用食物后躺下来会感到舒适，但出去跑步、锻炼则会让人感到难受，原因是后者也是熵减行为，能让你身体内部细胞处于有序，从而保持健康。为此，我们也可以说，一切能为你带来不适的活动都是熵减行为。

美国作家斯科特·派克曾说：“因为所有的事情都在向着无规律，向着无序和混乱发展，如果你要变得自律，你就得逆着熵增做功，这个过程会非常痛苦。”实际上，自律本身就是熵减的行为，这个过程会让人一时感到难受，但从长久来看，它能让你重拾对生活和自我人生的掌控权，而不是在懒散和浑浑噩噩中让生活在不断地熵增中，变得无序和杂乱。

上大学时宿舍住着六个人，刘青是其中一个。她长相一般，但经常爱笑，看上去对什么事情都淡淡的，不争不抢，也不爱出风头。半年下来，这个看似文静恬淡的女孩，却和班里的每一位同学的关系都不错。就是那些在课堂上经常被忽略的人，或者是个性高调却又有些倔强的人，也都与她有不错的私交。当然，在宿舍里，她也是大家公认的“好人”，与每个人关系都似乎很亲密。

最让人称赞的是她有着极强的自律性。从入大学后的第一天起，无论风吹雨打，无论有没有课，有没有作业，她每天早上6点钟都会准时起床，7点钟到图书馆，下午5点准时回宿舍，晚上则会选择放松自我，去酒吧或者去各种俱乐部。但老师布置的作业，她都会认真完成，从未见她懈怠过。

身边的同学曾问过她，为何要过这种苦行僧般的生活。她笑着说：“在离开父母之前，我尚且可以依赖爸妈，靠一点小运气和小聪明活着。然而，现在离开家了，真正能让人走得远、走得快和走得踏实的，还得依靠自律和勤奋呀！”

长时间的自我约束，果真给她带来了诸多“好运”：第一学期结束，她的成绩全班第一，而且班里的同学包括班长都喜欢和她交谈，就连教授也喜欢她。整个大学四年结束，当大家都在苦恼毕业论文时，她已经顺利通过了毕业面试，找到了一份不错的工作。

刘青不仅善于管理自己的生活，还有就是她无论取得怎样的成绩，领先别人多少，她身边的人都会真心地为她祝福，诚心地替她高兴。有句话是这样说的："如果你只有一点点优秀，别人会嫉妒你；如果你非常优秀，别人只会羡慕你。"刘青先天条件并不好，但凭借排除内在的情绪干扰，通过自律，获得了对自我人生的掌控权。

张梅，她有着不错的家境，身形苗条，长相甜美，是班里很多男生倾慕的对象。在刚开学的第一天，她就嚷嚷着自己终于脱离了高考苦海，从此可以放肆地玩了。军训过后，她开始放肆地实施自己的"玩"计划：熬夜刷剧，通宵打游戏，就是课间的零星时间，她也用来逛淘宝。周六日也是约上好友去逛课。每周四下午的英语课，她总是想方设法逃避，不是在宿舍睡觉，就是和别的班同学一起去电影院。第一学期下来，她有三门课不及格，被老师叫去上补习班……可是，接下来的时间，她丝毫没有收敛自己的"玩心"，依然我行我素地放肆玩了四年时间，直到毕业前的一个学期，她因为多门功课不及格而被学校勒令退学……刘青再一次见到张梅是在毕业后的第二年，当时的张梅已经嫁人，有了孩子，在一家商场的化妆品专柜做导购。她穿着朴素，化着浓妆，老套世故地向每个同学递名片，并推销她的化妆品。原本水灵的脸蛋也不见往日的光彩，皮肤松弛，步伐拖沓，身材也走了样……

也许我们每个人的身边都有像张梅这样的人，他们都站在差不多同一条起跑线上，就是因为一个怀揣着改变自我的心，而另一个过着毫无规划的放肆的生活，最终使人生逐渐拉开了一道不可逾越的距离。刘青能变得优秀，在于她在长年累月的时光中，始终都在以自律的方式对抗熵增，牢牢将人生的掌控权握在自己手中。而张梅则放任自己，始终让自己处于舒服的状态，不付诸能量给人生做熵减，最终失去了对生活的掌控权，也让人生处于杂乱无章的糟糕状态。

很多时候，人与人之间的差距，表面上看是先天条件的差距，实际上是自我约束能力的差距；表面上看是财富的差距，实际上是自我努力程度的差距；表面上看是容貌的差距，实际上是对欲望节制能力的差距；表面上是看心态的差距，实际上是自控力强弱的差距……精英与平庸者之间，隔着的往往是是否为人生做熵减的差距。

熵增是人的惰性，随波逐流，泯然众人；熵减是逆水行舟，激流而上，困难重重！如果放任自流，也许轻松享受，但是面对的将是个人无处可逃的死寂。所以，从今日起，建立秩序，避免混乱！养成有秩序的好习惯，避免无谓的自由散漫。

## 熵减的过程是痛苦的，前途是光明的

根据熵增定律，系统要维持自身的秩序，必须要以向外做功的方式排除内部的熵，而引入外部的负熵，这个过程因为要消耗自身的能量，所以是费力的，让人感到痛苦的。所以，在现实生活中，那些熵减的行为大都会让我们感到痛苦或不舒服。比如为了延长生命，为了尽可能地保持健康，我们必须要控制自己的饮食，出去运动等，这些都是在与自身的欲望作斗争，显得很痛苦，但最终换来的却是健康的体魄，带给我的结果是美好的；我们为了延长自己的职业生命，就必须要投入更多的精力去读书、学习，为了迎合客户，我们必须要委屈自己，时时笑脸相迎，不得不参加各种自己不愿意的应酬；为了使生命保持活力，我们必须要不断地探索人生新的未知、去勇敢地尝试和突破新的可能性，这个探索的过程是非常痛苦的，但可以让你体味丰富多样的人生，拓展生命的宽度；为了更好地适应社会，我们必须要不断地打破舒适区，打破暂时的“平衡态”，不断挑战自己，直面自己陈旧的知识体系与能力衰退，甚至要放弃很多既得的利益，这个过程也是痛苦的，但却能让你游刃有余地面对现实……华为总裁任正非也曾有类似的观点，他说："从幼儿园认字、弹琴；小学学数学；中学上历史、物理；大学念工程；又硕士、博士，考试前的不眠灯光……好不容易毕业了，考核又要受打 A、B、C，末位淘汰制等社会竞争的挤压。熵减的过程十分痛苦呀！但结果都是光明的。从小就不学习，不努力，熵增的结果是痛苦的！但是，逆流而上才是熵减，才有希望……我想重来一次，但没有来生。这就是我们的一生啊，生命如水，随波逐流就是熵增——水从青藏高原流到大海，是能量释放的过程，一路欢歌笑语，泉水叮咚，泉水叮咚，泛起阵阵欢乐的浪花……遇山绕过去，遇洼地填成湖，绝不争斗。若流到大海再不回来，人类社会就死了。

当我们用水泵把水抽到高处的时候，是用外力恢复它的能量，这个熵减过程多么痛苦呀！水泵叶片飞速地旋转，狠狠打击水，把水打向高处，你听到过水在管子里的呻吟吗？……为了延长华为的生命，那我们就必须不断地进行熵减，这个过程是非常痛苦的！"在华为，熵减主要体现在思想上的批判和自我批判，组织上的持续变革。其中有些批判和变革，甚至是给人以脱胎换骨的痛苦感受，但正是这种行为，使华为渡过了一个又一个难关，攀上了一个又一个高度。

的确，对于我们个人来说，随波逐流是自我能量的释放，过程轻松但结果痛苦，逆流而上则是能量的重新凝聚，过程虽然痛苦但结果却是光明的。我们古人所说的顺则成人，逆则成仙，逆水行舟，不进则退，诠释的就是人生的熵增定律。

最后改完一遍答辩 PPT，苏珊的眼睛已经酸涩难忍，她觉得自己快要疯掉了。这个稿件，从最初做到定稿，总共改了六遍，始终还是没令自己感到满意。连自己都不满意的论文答辩，到导师那里肯定会被否决，这样下去，研究生就难以毕业，不毕业就难以出去找工作，没有工作就无法与在另一个城市的男朋友相聚……想到这里，苏珊感到情况糟糕极了。她回想起自己这几年的读研生活，不能说是醉生梦死，也是得过且过，她的课外时间都用在了泡吧、逛街上，从来没有认真读过书，所以觉得自己写的论文也缺乏深度。另外，读研三年所有的文字都是以 word 文档形式报告的，无形中偷了三年的懒，临毕业之时，发现论文无从下手，连 PPT 也做得极不熟练。因为第一遍做 PPT 时极不认真，忙着与从外地过来的男朋友约会，她仅用三天时间潦草应付，直接导致初稿混乱。另外，平时得过且过的心态对自己没有丝毫的要求，每一次改完后都会留有瑕疵与欠缺，于是只能一遍接着一遍地改……

同样的情况，她的小论文也前前后后地改了十几个版本，好在大论文总共改了五遍，先应付过去再说……对于那些平时爱学习的学生来说，一遍遍地改论文是严谨，而她则是赤裸裸地被偷过的懒打了一记响亮的耳光。

有句话是这样说的，你每个不如意的现状里都藏着你偷过的懒；每个糟糕的状态中都藏着你得过且过的生活态度。偷懒之所以让人感到舒适，是因为它符合熵增定律，它会让你的人生陷入越来越混乱和糟糕的状态。学习和汲取知识的过程就是降低个人信息熵的过程，虽然痛苦，却能给人带来光明。

有句话是这样说的，你将精力和心思花在哪里，哪里才会收到回报；你凡事总想着靠捷径，总想着待在舒适圈里得到回报，结果熵增定律会将你推向深渊。

## 熵减，组织的活力之源

熵增定律揭示了宇宙乃至人类的方方面面的运行规律，其在管理学中也有着极为广泛的应用。美国著名的管理学大师彼得·德鲁克将它运用在管理学上，用来阐述一种企业管理中的现象，即对于一个组织或企业而言，从制度和文化建立后，经历过一段时间的运行，其必然趋势是走向效率低下、机制僵化、人浮于事和创新适应能力下降等，这就是组织的“熵增”。为此，他说：“管理要做的只有一件事情，就是如何对抗熵增。在这个过程中，企业的生命力才会增加，而不是默默走向死亡。”同时，比尔·盖茨便有了“微软离破产永远只有十八个月”的说法，在1998年亚马逊致股东的信中，贝佐斯说：“我们要反抗熵。”任正非大谈“华为的冬天”，都是基于对组织“熵增”的认识与应对策略。事实上，华为总裁任正非很早就将熵增定律引入管理中，并用熵的概念来管理组织。在任正非看来，任何一个企业都是向着“无序”状态发展的，为了逆转这种无序状态，就需要集聚更多的力量来改变。组织需要变革起来，比如淘汰落后的人、不思进取的人、懒散的人，通过注入新鲜的血液，让富有激情和斗志的年轻人上来。同时，实施扁平化管理模式，降低内耗等。总之，在发展的过程中，华为始终都在挑战企业内部的“熵增”，他们总能逆势而上，大胆改革，勇于创新，减少消极的力量，增加积极的力量，这也是华为的活力之源。但在现实中，诸多原本极为优秀的企业，都是在发展过程中，管理者不懂得对抗熵增而被市场淘汰。比如柯达与诺基亚，面对汹涌而来的数字技术大潮，任由组织“熵增”渐浸渐润，这两个曾是霸主级别的企业几乎没有经历任何挣扎，而在一夜之间城头更换大王旗。所以，正确的战略及战略执行，创新能力的持续保持，组织变革能力的提升和因形势变化的机制优化自然是实现组织“熵减”的关键所在。

柯达当年在模拟影像产业的辉煌超过了今天的苹果，但是柯达在发展的过程中却患上了“变革无力症”，眼睁睁地错过了产业的数码转型。

在100多年前，第一台柯达相机研发成功，之后迅速地占据行业75%的市场份额，获取了90%的行业利润。但从1997年开始，整个产业发生了拐点后，它的市值从当时的310亿美元一直滑到了1.75亿美元，蒸发了90%以上，在2012年不得已破产重组。

柯达文化有三个核心点：第一，永远以客户为中心，以诚信为首要；第二，永远致力于追求行业最新的科技水平；第三，重视人才发展，创立分红，与员工分享利益。这三点管理理念很好，但将这些理念坚持下去却很难。

在2000年时，胶片市场迅速地萎缩，柯达已经逐步陷入亏损，但因为既有者的利益格局，组织人事繁杂，导致企业系统内的“熵”值不断增大，而又由于管理者变革无力，致使陷入了大企业的通病。

柯达企业内部的知识技能陈旧，战略转型缺乏决断力，与它的管理层大多数出身传统行业有着极大的关系，管理层对数字技术带来的方向没有把握好。柯达是从模拟影像时代走向成功的，它的高管、专家大都是化学家，所以第一个问题就是，如果柯达要从模拟转向数码，它就需要把从上到下的技能转为电子，这样原来的很多化学人才都得被淘汰出局。如果管理层能大刀阔斧改革由内部人才导致的“熵增”，那么可能不会造成那么糟糕的结局。

另外，惯性的投资错配，大量重复于传统的胶片技术，忽视了对数字技术的投资。同时，柯达内部的封闭、僵化等因素使得它难以转型，而它的外部，当时的日本新起的数码相机公司富士、索尼、佳能、尼康等纷纷崛起，其实这些公司就是远离平衡态，通过开放市场和良性的竞争，促使数字技术日新月异，正是这种丧失变革意愿与主动性的僵化思维，致使柯达一败涂地。

实际上，企业在发展过程中，要与无序的能量作斗争，柯达企业在占领市场后，内部管理层开始变得臃肿、懒散、涣散，组织效率低下，内部人才结构单一，致使坏的东西不断地浸透进来，破坏了组织的势能，这便是“熵增”的表现，最终导致了企业被市场淘汰出局。实际上，企业要保持活力，就要不断地做“熵减”，需要不断地从外界获取人才和先进技术，勇于淘汰部分不适应市场变化的员工。有些成熟企业因为老员工工作多年，工作积极性可能有所降低，同时，面对外部的环境变化，担心自身所具备的技能不足以应对新环境所带来的变化，作为既得利益者，害怕因为变革而使自己脱离权利和利益的中心，继而成为新技术和组织变革的阻挠者，从而使企业出现僵化和脱离市场。实际上，有远见的管理者，就应该淘汰对公司发展毫无益处的员工，以及通过内部调岗等方式重新唤起员工的工作积极性，使企业持续保持活力。企业要想持续发展，就需要紧随市场变化，勇于探索新的行业制高点，使组织能够在发展的过程中不断进行自我变革和自我批判。

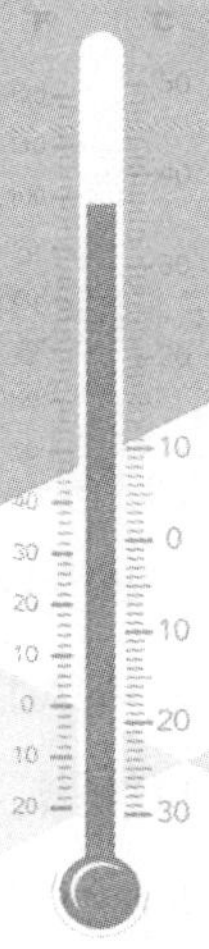

# 第二章

# 对抗个人熵增，激发生命活力

每个个体的发展变化都遵循熵增定律，美国作家 M. 斯科特·派克曾说过："因为所有的事物都在向着无规律，向着无序和混乱发展，如果你要变得自律，你就得逆着熵增做功，这个过程会非常痛苦。"这也告诉我们，我们的人生要想向有规律和有秩序的方向发展，就必须要对抗熵增，否则就会走向混乱。可能会有人说："我也想熵减，不想熵增，但我该如何识别它们并且行动呢？"实际上，在生活中，识别熵增与熵减并不难，你只需要记住：大部分让人舒服的都是熵增，反之让人不舒服的，甚至反人性的就是熵减。本章从物质、信息以及心理各个方面来讲述我们该如何为自己的人生输入优质的负熵，使我们能够增强生命的活力。

# 熵减，是不断与自我弱点博弈的过程

人生的熵增，多是由我们自身的弱点所带来的。比如人都有避苦趋乐、趋利避害等特性，这些特性会让人们贪图安逸，躺在舒适圈难以自拔，这样就会导致心理和行为上的熵增，形成怠惰，所以，要对抗熵增，实际上就是不断地与自我的弱点博弈、做抗争。为何人散漫容易，专注却很难？为何打破一个好习惯很容易，而养成一个好习惯却很难？为什么刷手机很容易，坚持阅读却很难？为什么大吃大喝感到舒服，坚持健身却很难？都是因为前者是自身的弱点使然，前者带给我们的是暂时的欢愉感，但这种短暂的欢愉其实是一种变相的沉沦，带来的却是思维的迟钝、身体的病痛和心灵的荒芜。而要避免出现以上糟糕的结果，我们就必须要督促自己进行自我约束，收剑和改掉毫无节制的放纵行为，凭借强大的意志力与坚持，去制定一套属于自己的做事原则，去建立稳定且有规律的生活节奏和秩序，给人生做熵减。只有这样，当自己在面对挫折、困难、失望甚至绝望时，才能够有所依靠，支撑你去正面思考和解决问题，获得人生更多的主动权。

晓梅是个新媒体行业中的自由职业者，每日以码字为生，至今已经有五个年头了。当初她从外企辞职，立志要做自由职业者时，很多人都觉得她太不理智了。好好的外企主管，工作稳定，赚得又不少，却突然到一个自己所不熟悉的行业中去。面对周围朋友的质疑和不解，晓梅有自己的理由：在外企已经待了十几个年头，以她的资历和能力，不可能再往上升迁了，这也意味着自己的职业生涯已经走到了尽头。与其让自己在舒适圈消磨时间，不如趁早离开，去开拓人生新的可能性。当时的晓梅也知道自己的未来充满了各种不确定性，她也为此感到恐慌和焦虑过，但最终迫使她下决定的是她对写作的热爱。她自小就有想用文字表达的强烈意愿，而且上学时期她的作文还得过大奖。后来，她又从周围同学那里了解了自媒体行业，之后便决定辞掉工作，开始以码字为生。

刚开始的几年，境况确实不太好。但是经过努力后来渐渐好了起来，直到如今，她的公众号已经有十几万的粉丝了，获得的收入也让同龄人羡慕不已。

那次，她约着一群朋友一起到郊外游玩。虽然受制于辛劳疲态，但她依然按照在家时的习惯，睡前读半小时的书，并且一一列出第二天要写的文章主题，还有提前修好该放的图片；第二天一大早大家还在睡梦中，她就起身在郊外的公路上坚持跑步，然后回到屋里在电脑前“敲”出一篇文章来；每天吃的饭菜绝对定量，从不暴饮暴食。

周围的朋友劝她说：“既然出来玩，何必要继续过那种‘苦行僧’式的生活。你为何不让自己放松一下，还非要坚持每天按时按点早起的清苦生活？偶尔偷一下懒，又不出格。”

晓梅说：“我能够做自由职业者，并且能将它做得好，主要依靠的是不断与自我惰性做抗争的毅力。每天保持这样的生活状态，合理安排好时间，充分利用每一分钟时间并不算清苦，因为规律的作息时间和日常安排能让我戒掉不必要的情绪和其他无关紧要的琐事的消耗。要知道，人都是有惰性的，一旦某个环节松弛下来，很容易就会被诱惑侵蚀，今天因为出来玩就放弃读书，明天也能找到另外的理由推拖，此时如果不坚持，下一次，下下次的逃避也会变成自然而然的事……”

熵减就是一个不断与自我弱点博弈的过程，这其中你需要不断与自我的懒惰、倦怠作斗争，不断地逼迫自己走出舒适区，过程固然是痛苦的，但结果却是光明的。实际上，很多人庸庸碌碌一生，生活是在哪一刻失去平衡的，人生究竟是什么时候失去控制的，就是在你对时间失去控制权的时候，是放弃给人生做熵减行为的时候。你无法按照在规定的时间内有效地完成工作，无法按照规定的时间执行你的计划，于是你会感到焦虑不安；你不能达成自己的目标或某些愿望，你就会感到悲观失望，生活节奏失去控制后，你会抓狂……

生活中，我们总是羡慕那些活得潇洒、自由的人，而自己每天一觉醒来，就感到心力憔悴，备感压力，做事也总是瞻前顾后，活得很累，整个人似乎被什么束缚住一般。实际上，束缚住你的正是你对生活失控后的无力和无奈。而那些活得洒脱的，就是在不断地在一次次地战胜自我弱点后对自我主宰的生活和人生有着清晰明了的美好预见。

## 打破路径依赖：摒弃损失厌恶心理

在现实中，不少人会这样调侃自己：年龄增长了，阅历不见增加，体重上升了，智慧不见增多；脸上的皱纹平添了不少，然而自己大体未改，兜兜转转又回到了原点，人生似乎进入了死循环。原因是我们进入了人生的“路径依赖”体系中。路径依赖定律由荣获 1993 年诺贝尔经济学奖的道格拉斯·诺斯提出，它指的是你最初的选择决定最后的结果，人一旦做出选择，便会受到路径依赖心理的可怕影响，日后的步伐会沿着既定的路径前进，人生也会被锁定在某种状态下，成功脱身是非常困难的。个体的路径依赖，体现的是个体在相对封闭系统内的熵增。这里的“封闭”主要指的是个体的职业选择、认知、眼界等，比如我们一旦入了某个行业后，便没有了危机意识，停止了学习、拓展眼界、提升认知等，开始待在舒适区中丧失上进心，不再给人生做熵减，在惯性力量的驱使下，我们好像踏上了一条不归路，致使陷入死循环中无法脱身。

路径依赖实质上是一种思维上的熵增，要打破它，就需要了解路径依赖产生的心理因素。从心理学的角度来说，我们每一次的行动，都是在加强我们的动机，而这种动机越是强烈，就越是容易形成惯性。一旦惯性形成，无论你走的这条路是好还是坏，你都绝不愿意换一条路走。同样地，对于一个公司或组织来说，一旦在内部形成一种管理制度，无论其是否有成效，都会在一定时期内持续存在并且影响其后的制度更改或选择，就好比进入一种特定的“路径”之后，所有制度上的变迁只能按照这种路径走下去，直到将公司或组织拖入崩溃的深渊。另外，也源于人们对风险的厌恶心理，因为要尝试新鲜的生活或新鲜事物就要承担由此带来的风险或者说“亏损”。在惯性的作用下，单一选择就会不断被强化，人们也越来越不愿意付出能够导致改变的成本，从此陷入恶性循环，再难抽身。在现实生活中，很多人都有路径依赖惯性，找工作，人们会优先选择国企或者公务员，不愿意去挑战未知的真正自己感兴趣的。理财，人们会优先选择银行存款，不愿意尝试新型的理财模式。找结婚对象，人们会优先选择经济条件相当的人，不愿意去寻找潜力股或嫁给爱情。健身，人们总会觉得我还年轻，没必要纳入常规生活。读书，人们总以为读书无用，没有多余时间充实精神食粮，没必要“浪费”自己的宝贵时间……这些所有路径依赖让人们的路越走越窄，毫无益处。所以，要打破路径依赖，就要敢于打破惯性或者确切地说已经形成习惯的行为。要做到这一点，首先要勇于打破固化的思维，因为多数情况下，我们的某种行为能形成习惯，与其说是惯性形成的，不如说是固化的思维方式导致的，还有最为重要的一点就是人们的损失厌恶心理导致的。

玛丽是一个小公务员，每天都有着类似的行动轨迹：被固定的闹钟叫醒，在固定的一家小店买早餐，乘坐固定的公交，吃着单位周围固定的外卖，与一群固定的朋友聚会，玛丽觉得这样的生活无趣极了。她常对朋友说，我一眼能看穿自己30年的生活轨迹：算得出来的工资收入，日渐肥胖的身躯，一成不变的生活轨迹，毫无波澜的婚姻生活……玛丽很想辞掉现在的工作，去找一份自己真正喜欢的插画师的工作。但她已经在体制内工作了好多年，她已经习惯了这种一成不变的生活，她害怕自己出去找其他工作会没了收入来源，没办法适应新的职场环境……总之，对体制外生活的恐惧，对风险的厌恶，让她一次又一次地下不了决心，每天都生活在焦虑和纠结中。她一方面排斥现在一成不变的生活，另一方面又恐惧真的辞职后生活发生的一系列改变。

玛丽之所以排斥当下的生活，是因为她陷入了“路径依赖”体系中。同时，她又迟迟下不了决心，主要源于她的损失厌恶心理。她害怕真的离开体制内工作后，无法适应多变的社会生存环境，害怕要付出高昂的机会成本，任由人生呈现出不断熵增的状态。实际上在生活中，当我们处于类似于玛丽的困境中时，应该从以下几点进行反思。

其一，问问自己是否真的对自己的现状感到不满意，但又总是无法迟迟做出决定离开，那首先要明白造成当下的真实的心理原因是什么，是因为对当下的工作有所留恋，还是单纯的损失厌恶心理；

其二，如果分清楚自己是有损失厌恶心理的，那么要做的第二步就是找到自己的真实需求，也就是说，你需要弄明白自己追求的生活究竟是什么样子的，现在的生活与期待值有多大的差距。同时，你要预估从舒适圈走出来之后，面临的最坏的结果是什么。如果连最坏的结果你都能接受，那么便可以选择果断离开。

其三，要善用“望远镜”工具：自己对当下是不满意的，与其在纠结中苦苦消耗自己的精力，不如果断出走来。要看到自己从舒适区走出来一个月之后会给自己带来怎样的影响？1 年呢？10 年之后呢？

依照上述三步，你便一定能够克服掉损失厌恶心理，勇敢地从自己不尽如意的舒适区走出来，从而激发自己的生活激情。很多时候，勇敢地离去，恰恰是为了下一次更好的开始。

## 对自我欲望进行节制

人生的熵减，还在于对自我欲望的节制。欲望如火，如果不加以克制和引导，人便很容易迷失、混乱，甚至化为灰烬。任正非说："怠惰是熵增，奋斗是熵减，我们要懂得如何掌握节奏，为此，我们需要自我克制。不管是个人还是企业都不能对'食物'太贪婪，比如最近某大型企业，过去几年几乎进入了所有行业，结果现在是无比痛苦。"一个人如果太过贪婪，就是在熵增。比如一个人什么都想得到，就会被欲望牵着走，人的内在就会痛苦、就会陷入混乱的状态，结果可能什么也得不到。还有一些人太过急功近利，刚付出一点就想立即获得回报，欲望太强，就容易在焦躁中做出愚蠢的事，这也是熵增。真正的智者是懂得节制自我欲望的人，他们很清楚自己真正想要的是什么，所以懂得取舍，并在此过程中始终保持清醒的头脑，不急不躁，最终达到自己的目标。

刘峰在一个大城市上大学，他本是一个勤奋的人，高中时学习成绩很好，曾被老师寄予了厚望，那时全家人也觉得以当年他的成绩，考个全国重点大学是没有问题的。然而，天不遂人愿，他高考发挥失常，只考进了一所普通的一本院校。经历了大考的失败后，刘峰整个人都陷入了极度的迷茫状态。他曾对周围的朋友说，上大一的那年，他几乎都是在沮丧和绝望中度过的。他逃避痛苦，逃避思考，整个人都下意识地逃避一切复杂的东西，除了应付上课，他每天都行尸走肉般躺在床上刷剧。在一个以自主学习为主的文科专业里，想混日子打发时间真是太简单了。

他曾向朋友讲述了他那段时间的感受："那种状态真的太糟糕了，整整持续了有三个月之久。我每天面无表情地每追完一部剧，在舒适区就地躺下曾给他带来了极大的安全感，但是自己却感到极为痛苦，我根本无法接受平庸的自己，所以开始尝试着改变。"

“我先给自己订了满满的计划，一天的安排从早上五点到晚上十一点，从学习生活到健身运动。”他告诉朋友说：“在实施计划的第一天，我没能早起，竟然连闹钟都没听到。这带给我的失落感让我一整天都打不起精神来。第二天，在五个闹钟轮番响起的情况下，我挣扎着起来了，结果因为睡眠不足一整天都浑浑噩噩。在接下来的半个月时间里，我几乎每天都失眠。在我的计划里，光早起就用了近一个月的时间来完成。之后，更大的缺点显现出来，我自小就是个完美主义者，因为几次没按原计划去执行，这些缺陷使我陷入了破罐子破摔的状态中。于是，恶性循环再次袭来。”

“接下来，我开始逃课，不再关注外界的任何信息，对新鲜的东西丝毫不感兴趣，连学院的活动也懒得参加，人也变得越来越软弱。当然，糟糕的结果也一项项地向我砸来。”

“大一的期中考试，那是我上大学后的第一次大考，其成绩糟糕得一塌糊涂，使我错过了学校的奖学金，这也为我几年后的出国留学增加了难度。无数个之前期待无比的机会因为自己的拖沓和懒散而错过。”

他说：“那段放纵自我的生活带给我的是无比的痛苦。那种痛苦源于：辜负了自己之前的优秀而心痛，对丧失奋进的激情而痛恨，对不断受挫后的失望，对自己未来的迷茫……那段时间，我不断地问自己：真的就这样自甘平庸了吗？我内心的回答是：不行！我不要！于是，我开始重新设计我的计划，并且这一次才是真正的开始。我制订了更为完备的计划表，每天一项接一项地逐步去完成。就这样，一个月后，我真正地有了高度自律的体验。也就是在那段时间，我像一个旁观者一样对自己提出要求，然后竭尽全力地完成，那是一次严厉并且残酷的体验。我知道，我不能软弱，否则一切只会回到没有希望的舒适区中。”

“一开始是难熬的。因为你想洗心革面就得抽筋扒皮。苦大仇深的完成了半个月的计划，我发现一切终于又变得没有那么难了，好像不用咬紧牙关爆出青筋一般地完成计划了。”

“我清楚地记得，那是一场与自我欲望不断作斗争的体验。每坚持一天，就会感到无比地满足和快乐。因为那意味着我战胜了那个好逸恶劳的自己，我开始对自己目前的状况感到满意。那段时间，日子过得充实而有趣，每天晚上听到图书馆的闭馆音乐才回宿舍休息，那也是我一天中最喜欢的时间，走在校园的小路上，我会仰望天空，感觉星星都比之前更亮了。"

"之后我开始变得越来越自信。几经努力，我开始越来越喜欢挑战，越来越享受一个人解决难题后的满足感，并且慢慢地一样样地收获我想要的东西。"

"对自己内心情绪的掌控、行为的掌控，甚至对食欲的掌控，都让我觉得，我的未来变得越来越清晰，并且觉得我更有能力，会将它变得更好，以我自己的能力获得自己想要的一切。"

"那个时候，我的生活进入了积极循环的轨道。对我而言，能对自我欲望进行约束，是因为我内心有着强烈的驱动力，并且深刻地知道放纵欲望带给我的后果。正是因之前痛苦的体验，才能让我在坚持不下去时，都能因为不想再有那样的体验而咬牙完成。我想，痛苦在某种程度上来讲，也是一种财富吧！"

刘峰的经历就是对自我欲望进行控制的过程，是一种真实的熵减体验。刚开始，你需要与自己的天性作斗争，这些天性包括"懒惰""好吃""贪婪""愤怒"等，是对自身欲望的节制。与自身欲望作斗争是个艰苦的过程，也是不断地战胜自我的过程。这也是最难坚持下去的，当你过了这段时间，看到自己变得越来越好时，你就会感到无比地欣喜，那时候的满足感和喜悦感会极为强烈。接下来，你就会将它变成一种习惯，就会享受坚持的过程，那样先前的各种痛苦也便不复存在。这也就意味着，你的生活真正地进入了积极的轨道。

欲望，在很多时候带给人的是无度和混乱，给人带来的是心理和行为上的熵增，会带着我们一步步地沉沦。所以，我们要时刻懂得节制自己的欲望，给人生做熵减。

## 以开放的姿态去接纳一切

熵增定律告诫我们，要想打破熵增，就必须要有一个开放的系统。我们个体要想在熵减中获得不断成长，也需要一个开放的姿态，这样才能与外界不断地进行能量或信息的更替、循环，以实现熵减，从而成为更好的自己。

以开放的姿态去接纳一切，也就意味着，对外界好的、正面的和积极的事、物或人，能够做到积极地自我反省，去汲取其中的正能量；同时也要懂得排除内在的熵增，即对于不好的、消极的一切，要果断摒弃。这样的人，胸怀宽广、有眼界、有格局，对所有的事物或人，或好的、坏的、喜悦、苦难、新的、旧的等都会持一种开放的态度去面对和接纳，这在心理的范畴就属于绿灯思维。比如当他人提及一个新兴的行业时，虽然你了解得不多，但能将对方所说的话听进去，而不是急于否定和排斥，拥有这种思维的人，能降低个人的信息熵，从而为人生带来更多的可能性。而生活中，一些思维固化者，就会对新兴事物持排斥态度，只认可自己所相信和接触过的，无法接纳不同和多元的事物，这就是与绿灯相反的一种思维——红灯思维。它所带给人的弊端，并不难想象。这是一种格局上的短浅，很多人就败在这上面，尤其是在当下这个信息时代，这样的故步自封无异于慢性地被社会所淘汰。

陈彭经营着一家餐馆，刚开始因为餐馆的选址不当，一段时间后，人气下降，濒临倒闭。对此陈彭很是苦闷，挖空心思地想用一个经营绝招挽救餐馆。于是，他开始召集员工想法子。员工七嘴八舌，纷纷献出计策。这些员工都是“90后”的年轻人，想出的方法可谓稀奇古怪。最终，一个员工提出了自己的想法：对店内的菜肴不制定价格标准，食客就餐后，吃得满意，就可以多付款；而如果吃得不满意，可以少付款。对此，陈彭想了一整天，最终他决定采用这个方法。他的妻子劝他说："经营餐馆是大事，你怎么能随便听一个小年轻人随便出的点子呢!"可陈彭有自己的道理，他觉得应该以一种开放的心态去接纳年轻人，再说，进他们餐馆的大都是年轻人，这个方法也足够独特。

此绝招一经实施，许多的顾客就对这种稀奇古怪的经营方式产生了兴趣，纷纷地来到该餐馆就餐，而且还有许多人慕名而来。

有了客源后，老板就招纳当时最著名的厨师，把饭菜尽量做到美味可口。这样一来，顾客吃完饭之后，也不好意思少付钱或者不付钱。餐馆因此每个月获利竟然比原来高出一倍之多。

后来，老板就统计，大约有90%的顾客超标准付款，而仅有4%的顾客按标准付款，而只有不到6%的顾客少给钱和不给钱。

通过此例可见陈彭是个有胆识、敢冒险的人，而且他的思维还够开放，能虚心地接纳年轻人的各种奇思妙想，最终挽救了餐馆。事实证明，那些能敞开胸怀，以开放的心态接纳一切行为和思想的人，能有效降低信息熵。有句话是这样说的，没有海一样的心胸，如何做出海一样的事业，讲的就是一个人要有如水一般能包容并滋润万物而不争的心胸，才让他们的事业繁荣昌盛起来。

稻盛和夫也说过，接纳一切的，才是生命的强者。一个心胸宽广者，他们都有厚实的内在知识底蕴做支撑，所以就不会去计较个人的得与失，更不会在乎周围人对他的冒犯，也不会在乎他人的误解和世俗偏见对自己的评价，因为他的内心本身就是一个完美的世界，为此他不会色厉内荏，外强中干，更不会随意对人发脾气。这样的人，对自己与周围的人和世界都有极为强大的信念，这种信念能让他坚持自我原则，与世界万物和谐地相处。

同时，心胸宽广者的内心也是强大的，其有开放的意识与开放的心态，对于任何不同的声音，他都能够认真听进去，然后能用自己的逻辑、常识、常理、直觉、经验以及科学的方法去检验，所以他们对于他人冒犯性的行为和话语不会轻易发怒，而是会理智且和谐地解决与他人的冲突和矛盾。所以，一个人能以开放的心态去接纳一切，其实就是不断地学习和持续性地精进，永远保持求知欲和好奇心。一个人能做到如此，往往就不会错过时代所赋予他们的红利，就不会陷入越忙越糟糕的怪圈之中。

所谓格局决定结局。真正的强者，能低头拉车，也能抬头看路，环顾四周，耳听八方，如此才能走得更为顺畅一些，更为省力一些。

## 以“成长型思维”替代“固定型思维”

要想使个体不断地熵减，就要以“成长型思维”替代“固定型思维”。这两种思维方式是美国斯坦福大学著名的行为心理学家卡罗尔·德韦克提出的，他经过多年的研究，将个体的思维模型划分为固定型思维模式与成长型思维模式。拥有成长型思维模式的人认为，任何能力和技能，都可以通过后天努力而得到发展。所以，他们更乐于接受挑战，并且积极提升自己的能力和技能。因此，具备成长型思维的人会更加坚韧，他们认为遇到的挑战可以帮助自己学习和成长。挑战越大也就意味着成长的空间越大，即使挑战失败了也不会轻易否定自己，而是从过程中寻找存在的问题，从而不断改进。拥有这种思维的人，正是通过积极的改变和突破，为人生做熵减，从而去发掘人生的多种可能性。而固定型思维模式的人认为，人的特质和能力都是天生的，后天无法改变。他们往往害怕失败，更为重视外界的评价，尤其担心自己被嘲笑和否定，通常拒绝接受挑战。因此，他们的发展空间会受到很大限制，只会去做自己擅长的事情。虽然他们也知道努力会带来成功，但往往选择忽略这种可能性，因为害怕努力了但依然失败的结果。固守着这样的思维，人生充满了消极、悲观，遇到困难不敢轻易去突破和改变，使人生不断呈现“熵增”，进而被淘汰。

下图是成长型思维与固定型思维的各种表现：

| 情况 | 固定型思维 | 成长型思维 |
|---|---|---|
| 对待挑战 | 避免挑战，以维持聪明的形象 | 由于渴望学习而去迎接挑战 |
| 对待障碍 | 遇到障碍与挫折时，通常的反应是放弃 | 遇到障碍与挫折时，通常的反应是展现出百折不挠的精神 |
| 对待努力 | 尝试与付出努力被视为否定性的行为；如果你必须尝试，说明你不够聪明或不够有才华 | 艰苦奋斗，用努力为成功与成就铺平道路 |
| 对待批评 | 否定性的反馈，无论多么有建设性，都会被忽略 | 批评提供了重要反馈，能够对学习有所帮助 |
| 对待其他人的成功 | 对他人的成功视为威胁，会引起不安或恐慌心理 | 对其他人的成功可能是灵感与教育的源泉 |

同时，具有“成长型思维”的人会将别人的成功当作自己的灵感，而固定型思维的人则会将别人的成功当作自己的威胁，于是就会引发巨大的不安全感以及恐慌心理。而这种不安全感与恐慌心理，则会让他选择堵住自己的耳朵，闭上眼睛，这也等于彻底地切断了自我成长的渠道与途径，让人生状态在“熵增”中变得更为糟糕。

另外，我们需要知道的是，每个个体在人生的发展过程中会同时存在这两种思维模式，只是不同的人，致使这两种思维模式在大脑中所占有的比例不一样而已。随着个体的成长，这两种思维模式也在不断动态变化、此消彼长。通常情况下，这两种思维模式的差别在困难或逆境中最容易体现出来。固定型思维模式占主导地位的人，他们在遇到困难或逆境时通常会以“情感取向”来面对问题，通过对逃避困难以保护自己的情感不受伤害。比如，一个不善言辞、个性内向或胆小的人突然被叫去演讲或者被老师叫起来回答问题，其第一反应多半是拒绝这件事情。我们看到幼儿园、小学课堂上老师问一个问题，很多小朋友都会争先恐后地举手，而在高中课堂上则很少有同学主动举手回答问题。为什么多数个体随着年龄的增长和知识储备的增加而变得越来越消极或胆小了呢？这就跟其在成长过程中固定型思维模式开始占主导地位并支配自己的思想有着极大的关系。如果我们个体在成长过程中，一遇到困难或问题就选择逃避，久而久之就会形成“习得性无助”。他们不敢正视困难，不敢向困难发起挑战，以至于错失很多自我成长的机会。

而相反地，成长型思维占主导的人通常会采用“问题取向”来面对问题，他们通常会通过解决问题来消除眼前的痛苦。如果经常这样做，就会提高解决问题的能力，提升自信力，形成积极的思维和行为习惯，时时勇于挑战自我，以抵抗人生的熵增。

当然了，在某些情景中成长型思维和固定型思维也是可以相互转化的，比如考试的时候遇到一道难题，一开始你会回避它，但是理智告诉你不能这样做，因为一旦这么做就会失去相应的分数，于是你会想办法解决这个难题，实在解决不了才会放弃。而固定型思维模式占主导的人在后面答题的时候就会受到影响，会以悲观的态度应考，从而影响到整场考试的发挥；而成长型思维占优势的人则丝毫不会因为某道难题未答出来而影响后面试题的解答，而是会以积极的态度发挥出最佳的水平。所以，人在遇到困难或逆境时是最容易启动固定型思维模式的，同时也是我们建立成长型思维的机会，那么，我们该如何培养成长型思维呢？

成长型思维都是从固定型思维转变而来的，卡罗尔·德韦克在其著作《终身成长》中明确了从固定型思维转变到成长型思维的四个步骤。

第一步，接受我们的固定型思维。

我们要通过自我反思，通过内省找出自己有哪些表现属于固定型思维，然后承认和接受自己确实存在这样的问题。

第二步，观察、明确是什么导致了固定型思维。

一般来说，固定型思维的形成与个人的成长环境有密切的关系，我们要通过自我内心的观照，找出究竟是什么原因导致自己形成了固定型思维。只有明白了这一切，我们才能更好地消除它对我们的控制。

第三步，给自己的固定型思维取名字。

在现实生活中，想想固定型思维是如何让我们思考、感受和采取行动的？这会给身边人带来什么影响？比如，你觉得自己的口才不好是天生的，这种固定型思维你就可以给它起名为“逃避成长的借口”，因为你觉得口才好应该是天生的，于是就会放弃提升自我口头表达能力的练习，很多年后，你依然没有进步，给他人与自己都会带来诸多的困扰。

第四步，通过积极的故事来启发自己。

人格的核心，其实是一个故事。这个故事凝缩了我们对整个人生的理解，成了我们独特的人生线索。当我们接受一个故事作为我们人生范本的时候，我们就接受其中的隐含假设。你隐含的信念是成长式还是僵化式，决定了你的人生路径。

## 以“流量思维”替代“存量思维”

躺在书桌上的一堆油画颜料，不会自动变成一幅美妙的油画。一定是因为有了某种外界能量交换，比如，你拿起了画笔，打开了颜料，开始画画，颜料才变成油画。这意味着，一个人只有在与外界交换能量后，才可能会有翻天覆地的变化，这样的人就是具有“流量思维”的，而能将“流量思维”运用在日常的行为中，则是熵减。相反，则表现为“存量思维”。在生活中，“存量思维”者通常有这样的表现，比如有了一笔钱，他宁愿把钱存起来，也不愿意用来投资自己的学习；相比换个更合适、更有前途的岗位或行业，他更愿意继续维持当下学习安稳舒适的工作；相比将自己看到的好文章、好书推荐出去，相比与那些优秀者深入交流，他更愿意不让别人知道自己的真实想法……拥有“存量思维”的人，更愿意固守在自己的狭隘的世界中，不愿与外界做过多的交流或沟通，所以，其思维是僵化的、不灵活的。如此一来，人生的熵值就会不断地增大，危机也就会潜伏。

依照熵增定律，熵是繁荣有序的反面。然而，从表面上看，繁荣有序是熵的隐性状态。因此，当我们看到繁荣有序的表象时，以为熵并不存在，但事实却恰恰相反，熵正在暗中窥伺。它不是不存在了，只是“隐形”罢了。这就要求我们在人生辉煌时刻，懂得居安思危。自古有“月盈则亏，水满则溢”的说法，任何事物发展到高峰时刻，也就意味着内部的熵值开始增大，这个时刻我们只有保持谨慎、清醒，不丧失理智，乘胜而上，方能延续辉煌。

玛丽是一家大型文化公司的插画设计师，为公司做出了诸多的好的作品，深受领导的器重。在周围同学的眼中，她的工作体面、待遇好，每天都朝九晚五，很让人羡慕。玛丽自己也很开心，她自小就努力学习美工，并为此付出了诸多的努力，才换来了如今的成果。

可是，几年后，玛丽在同学群里宣布自己被辞退了，她说是因为自己近几年都太懒了，总是“吃老本”，没有加强自身的学习，做出的作品毫无创意，所以丢掉了这份工作。这个消息在同学群里炸开了锅，大家都纷纷对她表示可惜，但大局已定，却无力挽回。

在同学的印象里，玛丽一直是个好学的人，记得她刚入职时对工作极为上心。有好几次，朋友约她吃饭，她都不参加，理由是她要加强学习，为创作找灵感。一开始大家以为她是开玩笑，毕竟很少有职场人会在下班后坚持打磨自己的技能。但玛丽始终觉得，要做好设计，必须要以文化底蕴做支撑。

也正是因为他将自己的企业文化了解得比较透彻，所以由她所设计的插画独具特色，极富创意。随着时间的流逝，玛丽却开始膨胀了，觉得自己的水平在圈内已经算不错的了。她曾对朋友说：“当我发现领导一次次地向我投来赞赏的目光时，我幼稚地以为公司的插画师这个岗位非我莫属，我最牛，于是便开始投机取巧，不去学习新的东西，只靠吃老本，以为大家不会发现。公司新来了插画师，我也没有危机感，但没有对比就没有伤害。没有创新精神，靠吃老本的我注定输了。”

玛丽的问题，也是很多职场人的问题，即取得一定的成就时，便开始故步自封，死守“存量思维”，蔑视“流量思维”，不再汲取新鲜的专业技能“养分”，那么“职场之花”也极难绽放太久。要知道，当你开始因为一点成绩而沾沾自喜，甚至自我膨胀时，便是人生熵增值开始变大之时。

当我们死守“存量思维”，蔑视“流量思维”，终会带来“当下很美好，未来很糟糕”的结果。而这个结果往往不是一般人能够承受的，就像清政府当年实施的“闭关锁国”政策一样。

在2012年的时候，任正非有个极为重要的讲话，叫作《华为的2012》。表面上听起来他好像是在唱衰华为，其实不然，他只是比较清醒地意识到华为作为一个企业，和所有其他企业一样，始终有一个巨大的威胁存在着，它就是熵。所以，任正非认为只要华为存在一天，就必须得对抗熵增。

他对华为也是这样做的：在华为的研发上做出巨额投入，比如华为2017年在研发上的投入超过900亿元，研发投入占收入的近16%，这个研发的投入强度，可能比阿里和腾讯的研发投入总和都要大，更是超过了苹果。

过去10年累计投入研发2400亿元人民币，华为也已经连续多年都是全球专利申请第一名。

从1997年开始，华为就开始持续引进来自外部的管理经验，包括IBM、埃森哲、波士顿咨询等。他们陆续给华为提供了多方面的变革，使华为在管理创新、组织机构创新、流程变革方面不断地进步，奠定了华为作为一家全球化公司的根基。这些都是任正非用“流量思维”经营华为的典范。

作为一家国内知名公司，即便不做巨额科研投资，也可以既有“存量”为荣，然而，华为却不这么想，它看到的是“流量”，是开放系统所需要的能量交换。

“流量思维”意味着开放、接纳、交流、更新、变革、循环、汲取等，而“存量思维”则意味着封闭、固执、保守、停滞、消耗等，前者通过与外界进行能量的交流，通过不断地自我“更新”，成为更好的自己；而后者是在熵增中，自我没落。

## 以“终身学习”替代“不再探索”

要对抗人生的熵增，还需要树立“终身学习”的理念。在现实生活中，很多人一从学校毕业便彻底扔开书本、放弃学习，不再有好奇心和探索精神，以致人生的“坎坷”不断，比如工作“瓶颈”、职业焦虑、中年危机等。实际上，这些所谓的人生“难题”，都是人生某个阶段的熵增，都是不学习带来的“困境”！所以，要对抗人生每个阶段的熵增，就必须要树立“终身学习”的理念与行动。终身学习，意味着我们的人生系统是处于开放与循环状态的，我们能不断地排除头脑中的旧思想、旧观念、旧知识，进而不断地汲取新的精神营养和思想理念。

一些人将“终身学习”奉为自身的生活理念，学习对他们来说如同呼吸一般，他们通过每天的学习，将自己打造成了一个开放的系统，并且用知识让人生产生复利效应。他们对于这个世界、对自我、对他人，都始终有着浓烈的好奇心，他们想要探索那些不懂的东西，想要解开那些难解的奥秘。无论是一场电影、一次旅行、一本杂志，还是一次对话，他们都能从中探索到新鲜的信息、知识或者智慧。他们就像是一些敞开着口的容器，在贪婪地吸取着来自外部世界的一切。而对于偶尔学习或从不学习者而言，人生的系统是封闭的，无力对抗熵增，人生当然也无法产生复利效应，他们对什么都无好奇心，只是每天不断地重复，让自己过着按部就班、日复一日、年复一年的生活。实际上，学习和不学习的结果，短期内是看不出来的，但长期来看，却有着天壤之别。

今年刚36岁的刘惠是一家外企高管，很多人觉得她能做到如此高的位置，应该有不俗的教育履历才对。但实际上，刘惠毕业于国内一所三流大学，拿的只是专科文凭。而她的人生之所以能逆袭，靠的就是不断地学习和思考，不断地突破自己的认知边界与思维障碍。

她曾对朋友说，每个人都有自己的认知边界，一个新事物或新思想出现时，多数人的行为是防卫性的，他们会下意识地抗拒，并努力从自己过往的经历和经验中去维护自身的认知。但你却不知道，妨碍我们成长的，就是一直阻碍着我们的认知边界。这与一个人是否聪明，是否接受过良好的教育都毫无关系，更重要的是自身的思维方式，你是以接纳还是抗拒的方式来对待新事物的出现。比如，当一个新的工作任务布置下来，是你从来没有做过的事情，这时候很多人都会想：为什么我要做它们？我从来没有做过，手上还有许多其他的事去做，我不要接受。而接纳思维的人则会换位思考，会对自己说：好了，又有一件具有挑战性的工作来了，这件事我从来没做过，如果成功了，我的个人能力又可以提升一个台阶，我的个人价值也会得以提升……接下来，我会开始不断地思考和论证，我该如何将这件事做得更为完美一些，我该如何安排和规划我的时间，什么时间可以达成任务？……就是这样的方式，才让我在不断突破自我的同时提升自己。

另外，为了不断地突破自我的认知边界，刘惠也从不让自己在“舒适圈”待着。比如，刚毕业的时候，为了比同龄人多一种机会，她报考了英语班，每天早上坚持五点钟起床来学英语，这种状态她整整坚持了三年，才有了后来跳槽到外企的机会。另外，她还在工作之余，报考了各种管理班，不断地突破自己。在她看来，一个人在舒适圈待得太久，就会习惯于这种节奏，日复一日，做事的方法、思考的模式将不会有更多的发展。但是如果一个人不断地突破自身认知，不断地拉大自身的认知边界，其潜力也将随着认知边界的扩大而越发地广阔……

学习最大的功效就是让人“无惧”，即通过扩大自我认知，让自己不再害怕、无助、焦虑、恐慌等，大大降低我们内在的“熵”。很多人在成年之后便停止了探索，他们停止了对这个世界，以及对自我的探索，他们只想走那条早已经明确的道路，过按部就班的生活。殊不知，根据熵增定律，熵的阴影早已紧随其中，“中年危机”的到来也只不过是时间问题。

学习不仅可以突破自我认识边界，而且可以扩大一个人的视野、格局和对事物的看法或处理方法等。正如一个水杯一般，容积越大，可装的水就会越来越多。所以，生活中，要成为一个强者，就要多看书，多思索，多去不同的地方旅行，完成很多不可能完成的任务，一点点地突破固有的思维，不断地打破自己的舒适区，才能破而后立。要知道，让自我思维延伸，让潜力变大，自我价值的提升就是水到渠成的事情。

实际上，人与人之间最大的竞争差异在于认知。我们只要能够突破思维障碍和思维边界，就能够变成不一样的人。所以，生活中，我们一定要在学习和思考上花足够多的时间。当然，要打通思维障碍和认知边界，还需要注意以下几个问题。

1. 要相信人是可以改变的，自己也可以变得更好。智慧都储存于每个人的心中，这世界上大多的有成就之人，多有一番或痛苦或悲惨的折腾史，正是这些惨烈的折腾，唤醒了他们心中沉睡的智慧。当然，不折腾也能思考，也有可能会达到这种效果，前提是，你需要源源不断地给自己输入新的知识，这是思考的基础。

2. 祛除情绪化，让自己的思考处于理性的状态。正确的思考一定是非情绪化的，承认自己是无知的。很多时候，阻碍我们成为最好自己的，始终是顽固而低劣的情绪化。这种情绪让我们产生恐惧，不敢相信自己会变得更好，不敢相信自己也会有超过预期的表现及能力。正是不良情绪，让我们深陷现实与思维的困境之中。所以，生活中，我们在思考的时候，一定要祛除情绪化。

另外，生活中，我们千万别把与人抬杠和胡搅蛮缠当成思考。真正有价值的思考，一定是摧毁自我思维中的障碍与边界，所以，不先承认自己的愚蠢，就不存在思考。

3. 必须勇于将自己“格式化”，即承认自己的无知与愚蠢，承认自己在成长的过程中，因为物质资源的匮乏而自我设限。生活中的弱者思维就是迫于生存环境的压迫，刻印在脑子中，形成的思维局限性。他们从不相信自己有什么能力，不敢想象自己也能有一番作为。承认自己有弱者的思维方式，然后去纠正它，像强者那样去思考。

4. 别让伪思考阻碍自己。生活中，我们通常会将个人情绪化的对抗曲解为思考本身。要知道，真正的有价值的思考是非情绪化的。

## 颠覆式的成长：多去新的领域尝试

要实现人生的熵减，要使我们的人生体系处于开放的状态，通过学习、探索未知、社交交流等方式，排除内在的“熵”。这就要求我们始终保持好奇心，多去尝试人生未知的领域，不断地颠覆自我，实现跨越式的成长。

个人成长往往遵循的是S形的曲线，在刚开始的时候，会有极为漫长的平坦状态，而后则会如火箭般骤然升空，并最终在高位保持平衡。但这并不是颠覆式的成长。颠覆式的成长不仅仅是一次S形曲线的飞越，它是很多次的飞越，它要求我们在完成一次S形曲线的增长后，再回到第二条S形曲线，重新来过，不断地颠覆自我。

要知道，人都是有惰性的，一旦我们处于人生发展的某个阶段，其观念和思想就会趋向于保守，因循守旧的习惯也自然养成，自我变革和动力就会变弱，一心想追求稳定，想要稳定的工作、稳定的住处，而正是我们所追求的“稳定”会限制自我潜力和发展。我们所追求的“稳定”生活体系，恰巧是在营造一种熵增的环境。一个人只有通过内部的自我改革和更新才能永葆生命的活力。

林枫虽然毕业于一所普通的大学，参加工作后进了一家科技公司做销售，但他不甘心一直待在销售部，他要挖掘自己身上的潜能，于是，至少进行过几次很大的颠覆式成长。

他先在销售部，从普通业务员做到销售部领导，后又到市场部，他亲自参与产品的宣传、广告投放等，不断地开拓市场，为公司的产品拓宽了渠道。之后，他又从公司辞职，自主创业，生意做得风生水起。但他每接任一项工作，都会竭尽所能地做到最好。同时，在每一次的颠覆式成长过程中，从来都不是一帆风顺的，每次都会遇到很多的困难和阻碍，以及随之而来的孤独感和恐惧感，但得到的收获却是巨大的，他的人生也随之得到了极大的拓展。

颠覆式的成长意味着要勇于打破自我舒适区，勇于去尝试全新的领域，不断地拓展自我能力，去探索人生更多的可能性。

在2007年，iPod占苹果公司收入的50%以上，iTune占74%的市场份额。按理说这正是一个产品如日中天之时，正常人的思路肯定是要继续做这个产品，用它好好赚钱，可乔布斯偏不这样做，他要亲自颠覆掉这个已经大获成功的产品。于是，他又做了iPhone，到2012年的时候，iPhone已经占了苹果公司收入的58%，利润占到了70%。

这便是乔布斯的“颠覆式成长”，他用自己做的iPhone颠覆了自己做的iPod，他用一条新的S形曲线，颠覆掉了好不容易攀爬上去的S形曲线。

一个人要远离平衡态，就要敢于不断地突破自己，尽可能多地拓展全新的领域，在自我颠覆中实现人生的熵减。

当然，要实现自我颠覆并不是件容易的事情，因为当我们一旦达到S形曲线的上方平台，惰性便会产生。这个时候，是某阶段职业生涯的巅峰期，是某阶段自我发展的巅峰期，是一个看起来非常不错的状态。然而，如果一旦在这个平衡态停滞，你便不再获得成长与进步，最终的结果就是熵增加剧。这个时候，我们要做的就是要敢于在我们人生辉煌的时候保持清醒的头脑，敢于自我颠覆，自我挑战，从而实现人生的熵减。

## 惶者生存，时刻持有危机意识

任正非曾经讲过，惶者才能生存，一个企业要想基业长青，就要有危机感，坚持自我批判。这里的“惶者”指的是从不满足于过往的繁华，又对充满变数的未来心存敬畏，保持一份“天行健，君子以自强不息”的定力砥砺前行。《周易》曰：“君子终日乾乾，夕惕若厉，无咎。”孟子曾说：“生于忧患，死于安乐”，说的都是危机意识和忧患意识。世界上那些伟大的企业比如微软、苹果等，就是比别人多了一份危机意识和忧患意识，才能在全球化竞争中脱颖而出并且能保持领先优势。实际上，我们个体亦是如此。一个人只有时刻保持危机感，才能不断地战胜自身的惰性，时刻保持理智和清醒，才能不断地打破人生每个阶段的“平衡态”，对抗熵增。

“十年来我天天思考的都是失败，对成功视而不见，也没有什么荣誉感、自豪感，而是危机感。也许是这样才存活了十年。”因为对于企业来说，如果没有危机意识，就很容易停留在一个舒适圈里安于现状，无法超越自己、驱动变革。对于社会的个体来说，也是如此。一个人能实现自我逆袭，成为强者，很多时候靠的就是那份不服输、不屈服的拼劲，在时代的大潮大浪中时刻能够保持自我更新的危机意识。

刘丽是一个普通的女孩，毕业于一所普通大学的专科，大学期间，她学的是平面设计专业。刚毕业在一家公司里做设计，月薪 2800 元。可她仅用 6 年的时间，就从一个普通的广告设计师逆袭为年入 30 万元的大公司的品牌设计总监。她的人生能有如此大的突破，靠的就是她持续性的危机感。

她在做平面设计期间，报了个顶级的美工班，主要是为了提升个人的审美能力与艺术功底。为了进一家大公司，她拼命地学习新的知识，不断地对自我知识进行更新。如今的她，通过努力进入了一家大公司，可每天还是异常地焦虑。她的这种焦虑源于她的危机意识，她经常向朋友说："现在刚入职的小年轻真的越来越猛了，刚毕业的软件工程师，无论是思想理念还是技术能力，各方面都非常优秀，随时可以站出来挑大梁。互联网行业的一些实习生，要么是'985'本科毕业，要么是研究生毕业，他们的眼界见识都不俗，逻辑思维能力也极强。自己只有不断地学习，不断地更新自我知识结构，才能不被社会淘汰呀!"

刘丽的人生逆袭，离不开她毕业时的选择，离不开她的高目标驱动、长远的职业规划以及她丝毫不懈怠的危机意识。在她身上，看不到迷茫、佛系和颓废，也从未见过她因为太累而中途懈怠或放弃。

的确，社会的发展实在太快，让我们应接不暇。前几年，智能手机刚刚普及、互联网刚刚崛起之时，人们都在感叹：科技越来越发达，社会在进步。可如今，互联网的精英们都开始哀嚎：竞争压力越来越大了。

实际上，我们无须怀疑，随着社会经济的进步，高质人才呈指数式增加，竞争压力也越来越大，是必然的结果。后辈能力越来越强，身为"前辈"的我们，若再不努力跟上时代，随时都有可能被淘汰掉。如果一味地待在自己的舒适圈中，享受岁月静好，那么迟早都会被淘汰。这并非危言耸听，而是时代的现状的确如此。

华为公司的伟大，无疑就是能时刻保持危机感，让自己不断地跳出舒适区，而且敢于向陌生领域不断挑战和突破的结果。

1987 年，华为公司创始人任正非带着全家住深圳棚户区，借了 2 万元创立了华为，寓意为"中华有为"。成立之初的华为通过代理香港宏联公司的交换机在内地做销售，使得华为迅速地壮大，大大地改善了任正非一家的生活。此时的任正非如果待在这个"舒适区"中自我满足，那就不会有后来的华为。此时的任正非感觉到，做代理根本不是长久之计，要想使企业获得长足的发展，必须要有自己的研发团队，搞出自己的交换机。而当时的国内通信市场被八家国际巨头割据，更有数百家国内厂商拼杀，这不仅仅是一场技术的较量，更是一场刺刀见红的战斗。1991 年，华为开始将前期做代理赚到的钱用于招揽人才，建立研发团队。而当时的华为是没有钱搞研发的，任正非便向一家企业拆借，利息高达 30%，并且对员工说：如果这次研发失败，你们还可以跳槽，我只有从楼上跳下去。可没想到的是，这次的孤注一掷换来的却是华为的行业稳固。到了 1993 年末，华为终于研发出属于自己的交换机，其价格比国内同类产品低三分之二，靠赊销，农村包围城市的销售战略，华为得以生存，而当年国内 95%的交换机企业都死掉了。

紧接着，任正非也并没有因此满足、待在舒适区中停滞不前，而是通过招揽高端人才，一鼓作气地推出一系列新产品，产品的持续热销，让华为的销售额突破 10 亿元大关。至此，华为在国内通信市场上奠定了稳固的地位。此后的华为迎来了发展的黄金 10 年，1996 年试水香港市场，1998 年进军欧美，1999 年征战亚非拉，截至 2000 年，华为销售额已经达到了 220 亿元人民币。正当华为在高速发展时，2000 年出现了世界性的 IT 泡沫破裂，迎来了互联网的寒冬。当时国内一大堆国际顶尖公司都濒临破产，这对华为也是雪上加霜。任正非非常欣赏的一位爱将又背叛华为成立了港湾网络，其致使核心骨干大量流失，国内市场被港湾所抢夺，国外市场遭遇思科的诉讼，母亲又遭遇车祸身亡，自己又做了一个大手术，致命的危机接踵而来。2002 年，华为销售额出现了历史上首次负增长，华为内外交困，公司上下都散发着浓浓的末日气氛。一连串的危机让任正非非常沮丧，再加上自己身体的原因，觉得自己无力控制公司，华为公司开始滑向崩溃的边缘，他甚至计划将华为以 100 亿美元卖给摩托罗拉，最终摩托罗拉嫌要价太高而拒绝。公司卖不掉，摆在任正非面前的只剩下唯一一条路：奋起反击。面对诉讼，任正非很快组建了应诉团队赶赴美国，在长达数月的时间里，华为与思科激烈交锋，斗智斗法。2003 年 10 月，源代码的比对结束，结论是华为的产品是健康的，原本默默无闻的华为因此次诉讼而名声大振。处理完国外诉讼案件，任正非腾出手来要与叛将一决高下，华为专门成立了一个部门：打港办，目的就是不能让港湾赚到钱，通过亏本销售，港湾的业务很快陷入停滞状态。最终在 2006 年，走投无路的港湾网络便重回华为门下。从内忧外患到绝地求生，仅用了短短两年时间，此后的华为便兴起了势不可当的发展之势。2008 年，华为以 183 亿美元的营收在全球通信市场上超越阿朗、北电、摩托罗拉，与爱立信、诺基亚三分天下。2009 年，华为以 219 亿美元的营收昂首挺进世界 500 强，已跃居全球第二大电信设备商，仅次于爱立信。

此时的任正非已经隐隐地感觉到华为即将成为行业老大。公司发展呈现出如此良好的景象，他应该满足，躺在舒适圈安享事业果实即可。但任正非却没有这么做，他要打破自己的“舒适区”，带领公司向全新的领域进军，那就是搞 5G 技术的研发。到 2018 年，华为公司遭到国外的恶劣打压，而此时的华为业务营收已经突破了 1000 亿美元，通信行业全球第一，业务覆盖 170 多个国家，并大力推进 5G 业务。

华为公司和总裁任正非就是靠着不断地跳出舒适区，通过无限期地延迟自我满足感，获得了巨大的成就，做出了卓越的贡献。任正非是这样要求自己的，同时，也是以这样的方式对待内部员工的。

有一年，华为总裁任正非宣布裁员 7000 人。任正非这样做，就是要在企业内部注入一种“永不满足”的奋进开拓精神。对此，他这样解释道：企业的员工大部分已经处于过分安逸状态，这样的企业是最危险的。没有狼性竞争的公司是最容易被社会淘汰的。

可以这么说，进了华为公司的员工，都认为自己的工作是稳稳的，背靠大树好乘凉。员工们认为自己拿多少工资就干多少活。现在工作已经稳定了，不需要再额外处理。这就是典型的打工者思维啊。仅仅为了那一份工资而上班，仅仅固守于本职工作而不为老板多分忧，就像温水煮青蛙。

那么被裁掉的命运，总有一天会到来。

2011 年 5 月 10 日，华为轮值董事长徐直军在 PSST（网络解决方案）体系干部大会上发表了主题为《谈管理者的惰怠行为》的讲话，系统总结了惰怠的 18 种行为表现。具体包括：

1. 安于现状，不思进取

2. 明哲保身，怕得罪人

3. 唯上，以领导为核心，不以客户为中心

4. 推卸责任，遇到问题不找自己的原因，只找周边的原因

5. 发现问题不找根因，头痛医头，脚痛医脚

6. 只顾部门局部利益，没有整体利益

7. 不敢淘汰惰怠员工，不敢拉开差距，搞“平均主义”

8. 经常抱怨流程有问题，从来不推动流程改进

9. 不敢接受新挑战，不愿意离开舒适区

10. 不敢为被冤枉的员工说话

11. 只做二传手，不做过滤器

12. 热衷于讨论存在的问题，从不去解决问题

13. 只顾指标不顾目标

14. 把成绩透支在本任期，把问题留给下一任

15. 只报喜不报忧，不敢暴露问题

16. 不开放进取，不主动学习，业务能力下降

17. 不敢决策，不担责，把责任推给公司。

18. 只对过程负责，不对结果负责

很显然，华为总裁是期望每一位管理者都能对照惰怠行为，做自我批判、自我反省，对照这些行为看自己有几条需要改进、怎么改进，还要针对选出来的几条，举例来支撑。我们要深刻地剖析自己，要敢于自我批判，敢于与自己的惰怠行为作斗争。

有句话说得好，越吃越馋，越玩越懒。意思是，人越吃嘴就会越馋，越玩耍就会变得越来越懒惰。对于个体来说，如果长期困在舒适圈里，就会变得不思进取，就会忽视时代转瞬即逝的变化，最终被淘汰出局。所以，在任何时候，我们都要保持危机感，如此才能在时代的浪潮中，扬帆远航、逐浪前行。

## 不断地提升自我格局，降低信息熵

不断地提升自我格局，能有效地降低信息熵。所谓的格局是指一个人的眼光、胸襟、胆识等心理要素的内在布局。一个人的发展受局限，往往是因为个人格局不够，对事物的认知不够深刻，眼光不够长远、胸襟不够广阔，这就造成了自我认知低下。这种低下的认知，就会导致我们去完成一件事的时候，损耗更多的能量，增大人生的熵值。

还有一点我们必须也要承认，一个人能够取得多大的成绩，与其格局的大小是息息相关的。一个大格局者的眼界和视野都是长远与广阔的，他们能看到更长远的大利益，而不会去计较当下的小利益，更不会去做更多消耗自己的事。所以，无论遇到什么事情，他们看起来总是从容、谦逊与温和的。

实际上，所谓的格局只是一个抽象的概念，主要表现在当一个人遇到事情或做一个决定时，他会有怎样的表现，所以说一个人的大格局，是在我们日常行为和抉择中塑造出来的，我们要端正心态，从日常的行为与决定之中去提升自己的格局。

学土木工程的刘航在毕业后进了一家设计公司。刚入职，他就给自己制订了五年职业规划——五年后要成为一名优秀的设计师。对于一个刚入单位的新人来说，其中的人际关系是最难处理的，同事之间也难免有拉帮结派的事情，但在各种纠纷与摩擦中，刘航却始终能保持平静如水的状态，他只管努力干活儿，每天画图做设计等。于是朋友问他：“面对单位的人事摩擦和利益纠纷，你为何总表现得跟没事儿人一样呢?”正在专心画图的刘航昂起头，一脸迷茫地问道：“咱们单位有人事摩擦吗？我不知道唉!”同事问他：“难道你是个木头人，从不关心这些?”刘航摇摇头，完全是个“置身事外”之人!

实际上，对于刘航来说，他心中始终装着他的五年规划目标，他平时的心思都用在如何将设计做得更完美，如何不断提升个人的价值等。至于纠纷、人事摩擦或者单位里流传的一些闲言碎语一类的琐事，他完全不去理会，他也根本没时间更没兴趣去计较这些眼前的得失。

在2014年之前，是公司里最为繁忙的时候，在单位中，刘航白天基本是连轴转，晚上还得加班，项目一个接着一个。许多同事都开始叫苦连天，抱怨公司老板心太黑，只让使劲干活，不给加工资。而对于刘航来说，项目多却是一件好事，因为这可以使他快速地成长，所以，他每天总是笑呵呵地有条不紊地忙各种工作，从未有过任何的抱怨。在他看来，自己还太年轻，年轻就要趁这种繁忙的时候多学习，如果错过这次机会自己会后悔。果然，2014年之后，公司产值呈现断崖式下跌，年轻人想参与重大项目的机会越来越少。可在2016年的时候，刘航已经成为公司里的项目经理了，他带着一个团队，到外面去接业务，主动为公司创造了极为可观的利润。也就是在那一年，他拿到了公司的部分股权，收入呈现几十倍的增长。

同时，无论白天有多忙，晚上他总会抽出一个小时的时间来学习和自我沉淀。在他看来，自己还很年轻，趁身体吃得消、精力旺盛的时候，多学点东西，将来一定用得着。不久后，他顺利地拿下了各种设计师类的考试证书。同时，他还研究英语的发音，纠正自己发音不准的问题。因为他的心中有明确的规划与目标，所以单位中的各种纠纷、烦心事根本不会打扰到他，因为他压根儿都没注意到。

刘航是个有大格局的人，事实也证明，正是因为他的大格局，使他收获了不错的职业前景。他从不计较小利益、不参与和关注各种人事纠纷、闲言碎语等琐事，只顾埋头朝着自己的目标前进，这样的人不会徒将精力消耗在无用的事情上，内在始终处于有秩序的状态，耗能低，等于在给人生做熵减。

生活中，对于我们普通人来说，提升自我格局也并非完全是没有方法可循的，具体来说，我们在做决定或处理事情的时候，要从时间的深度与空间的广度这两方面去考虑问题，并且养成习惯，慢慢地，你也可以变成一个有大格局的人，具体来说该如何去做呢？

第一，关注“时间的深度”。即你一定要给自己树立一个长远的人生目标。你做任何事情或权衡某项决定，都要以自己的长远目标为参照物，与目标相吻合的事情，事情的价值便得到加强，与目标无关的，甚至是相反的，价值就会被削弱，我们就要勇于舍弃它。就像上述事例中的刘航一样，他的目标就是在五年内成为一个优秀的设计师，所以，他所有的行为都围绕这一目标进行，所以，他不会去关注那些能削弱自我价值的事情，比如同事间的利益纠纷、闲言碎语等。当然了，你定的人生目标如果足够长远，即时间跨度越长，事情的意义变化越大，一件普通人极在意的事情，在他们看来却是毫无价值的，表现出来的就是格局。

当然了，你还可以建立属于自己的时间思维模型。首尔大学教授金兰都提出了一个“24 小时”理论。即他将人生等价于 24 个小时，假如你能活到 80 岁，那么一年相当于 0.3 小时，30 岁仅仅才是上午 9 点钟，一天刚刚开始而已。生活中，我们自以为失败、颓废乃至绝望，实际上，你人生的时钟只是轻轻地拨动了一下而已，只要我们现在愿意重新振作起来，就会有无数咸鱼翻身的机会，持有这种时间观，我们的生活将会变得更加从容、有高度，而我们的坦然的表现，也称之为大格局。

要知道，从容，是一个有格局的人应具有的一种品质，而这一点，正是年轻人所缺乏的。事实上，我们的心应该从“动”中“静”下来，慢慢地去看透一件事情的本质。我们需要时间去沉淀，去思考，去多发现自己，了解自己，切不可被别人所左右。

第二，培养具有“空间广度”的思维模式。所谓“空间广度”，就是你在做决定或处理事情的时候，一定将你的空间变得足够大，而不要仅局限于眼前的环境。当然，这就要求你有足够的阅历和足够多的经验，那些坐井观天的人，见识少得可怜，是难以有大格局的。但仅仅是多看、多经历，还远远不够。我们不仅要尽可能地看到全貌，还要看到系统，看到不同事物之间的因果联系，用系统的眼光看问题。比如，你面对一个有挑战性的学习任务，有些人迫于周围人的压力，不断地延长学习的时间。确实，可能学习的时间越长，可以让人学到足够多的东西，但这属于典型的线性思维，是反应式思考，因为今天用力过猛，明天就很难再持续性地高效学习了。实际上，对于一个潜心好学的人来说，精力才是制约高效学习的短板，要想提升学习效果，一定要学会对精力的管理，尤其是对精力恢复的刻意管理。所以，很多学霸、优秀者，即便面对沉重的学习压力，他们也会去轻松睡大觉，也会抽出时间锻炼身体，也会放下手中的学习跟人闲聊，因为他们知道，这些方式有助于恢复精力，也是为了更有活力地学习。

如果我们能培养系统化思维，我们不仅能看得多，更能看到事物之间的动态联系，持有这种认知，必然是一个有格局的人。

## 构建上乘思维模式

对抗人生的熵增，本质上在于通过个人努力创造更有秩序和有活力的人生状态。而有秩序和有活力的人生也意味着遇事不慌乱、遇变故能积极应对，是指能更从容地应对人生的不确定性。要做到这一点，还需要构建上乘的思维模式。构建上乘思维模式，是提升个人认知能力的核心要素，是降低人生信息熵的重要途径。从学习的角度来讲，思维是一个人认知能力的技能性的表现。既然是一种技能，那我们就可以通过后天的学习和训练得出结论。而思维模型是为了更方便我们在生活中去解决难题而形成的一种思维习惯，比如，股神巴菲特曾经说过，在股市中多数人贪婪时我恐惧，别人恐惧时我贪婪，运用的就是逆向性的思维模式。李嘉诚做生意规避风险的一个秘诀就是：绝不赚最后一个铜板，这是底线思维模式……正是有了这种上乘的思维模式，让他们的认识能力上了一个台阶，从而更从容和轻而易举就能实现自己的目标，进一步实现人生的信息熵减。所以，在生活中，我们要着重去构建属于自己的思维模式。

刘女士是上海一家杂志社的总编辑，在同期入公司的同事中，刘女士的业务并不算突出，但是她能被社里选为总编辑，与她的办事能力是分不开的。当然，她的极强的办事能力本质上源于她高超的思维模式。一些在别人看来极为棘手的难事，一经她过问，问题便能迎刃而解。

记得有一次，刘女士的上一任领导张总编因为事务太忙，急需要一位得力的助手。但是找了好久，都没有合适的人选。后来，张总编就将这个任务扔给了业务能力不算太好的刘女士。刘女士挑来挑去一直没有找到合适的人选，于是，她便想起了自己大学时在学生会认识的学妹——年轻能干、有思想，对文字工作有激情的董琳。

当时董琳在北京一所大学攻读硕士学位，即将学成毕业。刘女士了解到董琳想要留在北京从事建筑师的工作。然而刘女士希望董琳能留在上海，留在她所在的单位。当她知道董琳想要回上海的想法后，刘女士并没有直接提出自己的想法，而是打算迂回进攻。因为刘女士明白董琳是个有主见且强硬的人，如果直接跟她说原委让其留下来，事必会激起她的逆反心理，到时候不仅没能把她留下来，说不定她脾气一上来，朋友都没得做。

刘女士先请董琳到一家很不错的饭店吃饭。饭后，她提议请董琳到自己的单位去参观。刘女士对董琳说："外文部的编辑最近离职了，外版部门文字的编审工作很是棘手，你的英语好得没得说，不如你帮我把这一页的文案写一下吧。"

董琳无法拒绝，就做了起来。文案写得很棒，刘女士看后对她大加赞赏，于是刘女士就请她先帮忙到总编身边顶缺一个星期、一个月，而董琳的工作也做得十分出色，经常受到主编的公开表扬，渐渐地，有了成就感的董琳也喜欢上了这份工作。

董琳就这样在不知不觉中便放弃了回家做律师的计划，而留在了张主编的身边做了她的助理。后来当她得知刘女士的心思后，笑着对她说："刘师姐，你可真是'奸诈'啊！"但是此时董琳已经对这份工作爱不释手了。

董琳运用的是逆向思维模式，从心理学的角度解释叫：一切"禁止"都意味着加强的人际交往法则。在生活中，这种现象也极为常见。比如，房价限购令下发前，人们则会疯狂地抢购房产；限时打折促销活动下，消费者会疯狂地抢购商品；上司采用"激将法"后，员工的工作更卖力……正是运用这一思维模式，彰显了她的管理价值，使她一路坐上了主编的位置。可见，思维模式对个人能力和价值的提升是多么重要。

那么，在现实生活中，我们该如何构建属于自己的上乘的思维模式呢？

实际上，方法不外乎三种：学习、思考和应用。我们在刚开始时可能并没有自己的思维模式，所以只能借助于他人的思维模式。为此，我们必须主动去了解和学习不同人，尤其是精英人士的思维模式，这样我们才能有意识地去构建属于自己的上乘思维模式。

其次是思考。任何一种思维模式在没有形成之前，永远都不是自己的。只有经过自己的思考和吸收接纳后，才能逐渐地内化为自己的思维模式。

最后是应用。我们一定要将自己学到的思维模式应用到实际的工作和生活中去。小到一次旅游出行、大到一个项目的策划，都要有意识地去运用自己的思维模式。

另外，在现实生活中，我们还需要不断地去应用和迭代我们的思维模型，以达到我们可以针对不同场景和领域都能建立正确的认知。

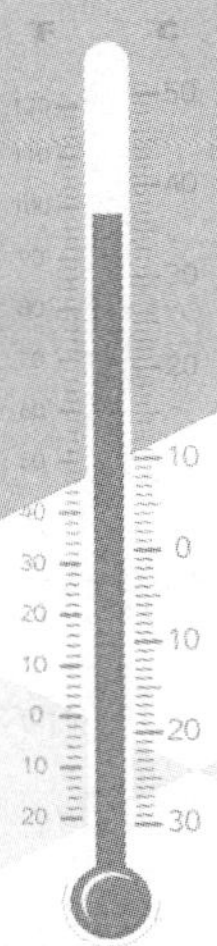

# 第三章

## 保持自律，给人生做熵减，对人性弱点逆势做功

斯科特·派克在其著作《少有的人走的路》里面说：“因为所有的事物都在向着无规律、无序和混乱的方向发展，如果你要变得自律，你就得逆着熵增做功，这个过程会非常痛苦。”可见，自律是为人生做熵减的有效方法。自律意味着，你要持续性地与自身的懒惰、无规律、无计划性的散漫做抗争，使人生或生活向着有序、高效、美好行进。有心理学家曾这样总结过自律：自律的前期是痛苦的，中期也是痛苦的，但后期却是美好和享受的。为此，在生活中，如果想要激发生命活力，提升生命质量，延长生命长度，拓宽生命的宽度，就必须自律，对人性的弱点逆势做功。

## 延迟你的满足感

从心理学的角度来说，多数的熵增行为永远是及时行乐，但也都是催人堕落的，比如打游戏、嗜甜食、不扫除、不学习、过度消费、避免社交等，这些行为都能为人带来短暂的快乐，最终带给人的都是痛苦、焦虑或恐慌……而多数的熵减行为都是延迟自我满足感的，比如阅读、学习、运动、节约、主动与人结交等，这些自律行为因为是向人性逆向做功，所以它带给人的是暂时的痛苦，延迟了我们获得满足感。

所谓的“满足感”即指人类等生命体的需求得到实现时的感受。从心理学的角度分析，人类是一种追求即时快感的物种，也正是这种对快感的盲目追求，会使我们经常放弃更为长远的目标，而下意识地去追求可以立即看到结果的短暂的快感。而正是因为如此，多数人便养成了“短视”的问题，这种“短视”是我们生活熵增的重要原因之一。我们人生中的多数难题或不顺心，上至工作、事业，下至婚姻、家庭等，都是这种“短视”带来的。比如，刚毕业找工作，总是想着“钱多、活少、离家近”，最终只能在对现实不满的纠结和焦虑中不断消耗自己的精力，而忘记了如何去提升自我，给人生做熵减，实现自身的增值，从而时时面临“找寻新工作”的窘境；自己创业，刚刚取得一点成就便开始沉浸于巨大的自我满足感中，开始变得傲慢、自大或迷失自我，从而遭遇事业的挫败。而自律，就是一种克服当前困境而力求获得长远利益的一种能力，它是一种面对眼前的种种诱惑，能够为更有价值的长远结果而掌控自己即时冲动，放弃即时满足感的抉择取向，以及在等待中展示的一种自我控制能力。一个人若缺乏了这种自我控制能力，那么很多事情就容易失去控制，紧接着，就会对自我产生怀疑，渐渐地失去自信，使生活陷入混乱。

美国著名心理学家马斯洛有个学说叫“人的需求层次理论”，讲的是人的五个由低到高的需求，分别为：生理需求、安全需求、社交需求、尊重需求、自我实现需求。人在很多时候极容易陷于最低层的生理需求中无法自拔，也就是说，很多人之所以将人生过得一塌糊涂、生活陷入混乱，就是因为他们很容易陷入对低品质生活的迷恋之中，所以，他们目光短浅，自控力和自律性差，为了维持当下的满足感而肆意地放纵自己。比如一个长时间抽烟的人，他们并非不知道吸烟有损健康，但他们还是控制不住自己要去抽烟，最终却会因为健康问题而早早地住进医院，甚至早早地丧命。再比如一个长期暴饮暴食的肥胖者，医院体检报告中的很多身体指标已经亮了红灯，医生也叮嘱他一定要少食多运动，但他看到美食却仍然管不住自己的嘴，总嫌运动太遭罪，于是干脆放弃，最终不得不住进 ICU，等等。生活中类似这样的事例有很多，但它们都告诉我们一个事实：一个不懂得延迟自我满足感的人，是很容易沉迷于低品质的生理生活需求中的，最终却需要付出巨大的人生成本来维护自己低劣的天性。

一个人只有摆脱低层次的需求，才能到达更高的人生格局，有了格局的同时，就是给人生做熵减。比如一个人的需求在第五个层次：自我实现需求。那么，有了这个追求和高远的目标，他就不会沉迷于下面四个低层次的需求中无法自拔，他们不会沉溺于内耗，不会因为无关紧要的细小琐事而浪费自己的精力，也不会在意眼前的各种喧嚣，而是会努力去提升自我，成就自我，获得尊重。他们会努力健身、节制饮食，为了保持健康；他们也会勤奋修炼内心，获得安全感，会提升情商和个人影响力，以跨越社交需求和尊重需求，从而达到自我实现的需求。这是一种高品质的人生，维护费用很低，即便是遭遇困难，但他目标高远，也不会被这些困难难倒。

高品质的人生不意味着富有，但持续性的思维破局与高远的追求，以及延迟自我满足感的生活理念，会让人们摆脱人类低层次金字塔下的消耗性需求，而是将精力用在更有意义的事情上，从而最终实现富有的目标和更为长久的快感，使人生实现熵减。

从这个理论上分析，有些人的人生困局就是输在了太急于享受自我满足感，而解决这些困局的根本在于懂得约束自我，懂得延迟自我满足感。

## 你所沉溺的“垃圾快乐”正在消耗你的热情

对多数人来说，自律之所以难，是因为懒惰的诱惑实在太大，尤其是当下社会的“垃圾快乐”具有难以抵挡的诱惑力，比如抱着手机刷短视频、刷微博、打游戏，可这种短暂的欢愉其实是一种变相的沉沦，是人生的熵增，即对时间把控力的丧失、思维的迟钝、身体的疲惫和对生活激情的丧失。这种短暂的快乐之所以易让人沉溺，是因为它符合熵增，即不用消耗任何能量，不用逆势做功，便能获得轻松和快乐。

在一次远行的高铁上发现一个好玩的现象：无论男女老少，都在玩手机。有的在玩游戏，有的在刷娱乐性的 App，一个个都是边玩边笑，还时不时地分享给旁边的人，逗得对方哈哈大笑。旅途无聊，找点娱乐来打发时间也无可厚非，但如果一个人总是沉溺于这种“垃圾快乐”，就会丧失对人生的掌控权，刘伟就有过这样的经历。

刘伟是今年的应届毕业生，特别喜欢玩手机，刷娱乐性的视频，只要一有时间就刷，上班的时候偷偷刷，下班以后也躺在床上刷，聚会的时候也是边喝酒边刷……有人问他，怎么那么喜欢刷手机。他说，生活压力太大了，只有手机能让人开心。沉溺于手机娱乐视频后，刘伟确实感受到了快乐，总是看见他对着手机咧着嘴傻笑，但他最近却把工作给“刷”没了。

因为上班时间悄悄玩手机，被老板逮了个正着，就直接把他给裁了。结果刘伟不但没将刷手机的“瘾”戒掉，反而刷得更厉害了，有好几次都是刷通宵。女朋友劝他也不听，还数落对方不够理解他，说自己只是缓解压力罢了，女友最终还是跟他分了手……就这样，刘伟用手机“刷”掉了工作，“刷”走了女友。

近来，他很沮丧地来找到好友，并向对方倾诉他内心的郁闷，说道：“这段时间，过得真是痛苦！”朋友笑笑说：“看你整天拿着手机刷得挺嗨呀！”他却苦笑着说：“那种短暂的快乐真的可以麻醉人的神经，看似当时很高兴，可过后当你关掉手机走入现实中时，却感到无比孤寂、无助和痛苦……你知道吗，我现在已经变成了我曾经最鄙视的那种人，距离刚毕业时那个朝气蓬勃的少年越来越远……我的生活变成了简单的两点一线，自己在虚假的满足感中丧失了向上的动力。”

现实中很多年轻人都可能有过类似于刘伟的经历，开始沉溺于个人短暂的“垃圾快乐”中，不愿意再费劲地提升自己，这也是人丧失自律性的主要原因之一。高度的自律绝对离不开对生活的热爱和激情，一个人如若总是被“垃圾快乐”耗费了过多的精力和激情，哪还谈什么自律！这里所谓的“垃圾快乐”，即指那些可以获得短暂快感，却对人的长期发展毫无益处的东西。它的最可怕之处，就是通过让你获得短暂的快乐的同时，在不知不觉中偷走你的时间，消磨你的意志力，摧毁你向上的勇气，更可怕的是消耗掉你对生活的热望和激情。

比如刷刷娱乐 App，几个小时过去竟然会浑然不觉；打打游戏，一不小心就会打到通宵。玩的时候虽然很爽，但是一旦结束，你的快乐便会烟消云散，不仅没有任何收获，还浪费了大把的时间和精力。我们身边也不乏这样的例子，有的人总是埋怨工作不好、挣钱太少，私底下自己也不努力。日复一日，只长年纪，不长见识，不仅与升职加薪无缘，还随时面临被裁员的风险……一个人追求快乐没有错，但是要看这种快乐对你的长远发展是否有利。

一位社会学家指出，“垃圾快乐”的可怕之处就在于当人们习惯了这种快速易得的方式去获得“快乐”，就会逐渐失去探索未知的好奇，失去学习的耐心，失去独立思考的能力，更会对快乐麻木，最终变成一个觉得什么都没劲的人，最终让人对生活丧失渴求和激情。要知道，“垃圾快乐”会让你极容易获得足够的满足感，而你一旦习惯了这种唾手可得的方式后，你就会不愿意再花时间去做那些“高投入”的事情了。比如宁愿花两个小时刷微博、玩游戏，也没有耐心去看一本书；情愿熬夜看剧，也不愿意费力地去运动健身。久而久之，人也失去了向上的动力和对生活的激情。

要知道，人是有惰性的，一旦某个环节松弛下来，很容易被“垃圾快乐”侵蚀，今日不想读书，明天不愿锻炼，逐渐让自己落在别人后面。

生活是在哪一刻陷入混乱状态的，是你对自己的时间失去控制的时候。而那些短暂的“垃圾快乐”，使你无法在规定的时间内有效地完成工作。本来用于陪爱人的时间，你却花在了“刷”手机上，致使爱情亮起红灯……当生活节奏失去控制的时候，你对自己的人生也就失去了把控力。长此以往，负能量也会如期而至。

对此，美国社会学家芭芭拉曾指出：层次越低的人，越是喜欢用消耗的方式去追求快乐，比如酗酒、赌博、刷剧、打游戏等；层次越高的人，越是喜欢补充性的方式创造快乐，比如读书、学习、运动、艺术创作等。

英国 BBC 纪录片《56UP》，花了 56 年的时间跟拍，得出了一个很残酷的结论——精英的孩子会成为精英，底层的孩子依旧在底层。除非底层的孩子能跟精英的孩子一样，从小都以读书、学习为乐，而不是在不断浪费时间和精力。其实，很多时候“垃圾快乐”就像快餐，简单好吃，长期吃下去却会拖垮你的身体；当你在浅层次的快乐中，挥霍你的生命，你最终拥有的只是短暂的热闹和长久的空虚；而高质量的快乐就像绿色食品，不一定美味，却能带给你真正的营养，使你的体魄获得秩序性，帮助你快乐地成长。当你将生命融入深层次的快乐中，比如读书、旅行、运动等，虽然暂时痛苦，但这种逆势为人生做功的行为，能使我们获得更为持久的幸福和快乐。

## 无论环境多么纵容你，都需对自己有所要求

对抗“熵增”，是人生获得幸福的根源，这也是促使我们孜孜不倦地创造秩序的动力之源。所以，无论你所处的外在环境有多么优越，都要对自身的弱点逆势做功，对自己提出必要的要求，来对抗人生的“熵增”，

它带给我们的是自我价值的实现，能满足我们受人尊重的内在需求，带给我们的是精神上的充实和富足感。

正在读高中的马克是一位长相清秀的男生，他家境良好，在学校的成绩也不错。凭借他的综合条件，考上一个当地的重点大学是没问题的，可他却唯独迷上了音乐。为了考上理想的音乐院校，他每天早上和下午都会抽时间练习吉他和各种乐器，整整三年时间，风雨无阻、雷打不动。

那会儿，身边的同学都觉得他“不务正业”，每天能抛下那么多繁重的功课，那么多场的紧张考试，去声乐教室练习音乐。大家都知道他是学校里的音乐特长生，但没人关注他学的究竟是什么。直到毕业前夕的聚会上，班主任让他给大家表演。

他拿起吉他，边弹边唱地表演了一首当年极流行的歌曲。随着吉他优美的旋律响起，他的歌声时而低沉、时而激昂，全班同学和老师无一不被他完美的表演而震惊。

三年下来，自律克服了懒惰和懈怠，排除了恶劣天气的干扰以及其他学生对他投来的鄙夷的眼光，默默地为了心中的目标努力。他凭借着优秀的特长和不错的文化课成绩，考进了理想的音乐学院。

环境的优渥、舒适，最容易让人丧失斗志，让人沉溺其中滋生懒散、惰性等，带来熵增，进而让人产生痛苦、无聊、寂寞乃至焦虑等。所以，越是在这样的环境中，我们越应该逆势做功，对自己有所要求，时刻保持一种自律的气质。在短时间内，这种自律所带来的变化可能微乎其微，但只要假以时日，就一定能让自己与周围的人拉开距离，为自己带来丰硕的果实以及源自心底的快乐和幸福。

提及自律，林晓便想起了自己以前的一位同事。那年林晓刚毕业，到一所中学做实习老师。一次，学校安排她去听一位优秀语文老师的课。记得那节课讲的是古诗，那位老师制作的精美的PPT，以图文并茂的形式，向学生展现了古诗的优美意境，给学生和听课的老师都留下了极为深刻的印象。

课下，林晓听其他老师议论道："这位陈老师，对课程真是用心，每次听她的课都能有不一样的收获！""是啊，她对自己的课向来都是以最高标准向学生呈现。"后来，林晓也私下了解到，那位老师从开始备课，到走进课堂，每一个细节都极尽完美。那些精美的课件都是她花了无数个夜晚一件件地精心制作出来的，完美到一张图片应该以何种方式呈现，以及图片里的字体大小、字体颜色都会斟酌到位。

正是她数年如一日的坚持，使得她的课程极受学生的欢迎，每个学期结束时，她带的班级的成绩都是遥遥领先，让人佩服不已。这完全是得益于他平日的工作中，对自己严格要求和对工作的用心程度。

从个人发展的角度来说，但凡能在一个行业中长时间立足并且做出成就的人，都是对自己有严格要求的人，对自己的要求少一分，其进步的空间就会少十分，对自己的要求越低，进步的空间也就越小。其实，我们会发现，那些在生活中凡事对自己有着较高要求的人，大多都过得并不太差。因为他们时刻都在给人生逆势做功，以对抗熵增。反而是那些无论是衣着打扮，还是生活品质，抑或是对日常工作及人生规划，都一副无所谓的样子的人，大多都过得并不体面。

很多时候，在工作或生活中，每个人都会有两个选择：一是放任自己随心所欲，二是严以律己，精益求精。前者比后者过得更轻松些，但最终的结果会告诉你，要使你的人生更有秩序，达到更高的高度，你必须选择后者。

你可以选择得过且过，放纵自己：早上可以赖床一小时，晚上毫无节制地熬夜刷剧，读书可以拖一个月，减肥可以拖一年，一直这样得过且过。可你最终收获的一定是：肥胖的身躯、松弛的皮肤、呆滞的目光、空空如也的大脑、拖沓疲惫的脚步，以及丧失斗志和热情的心志，带给你的最终将会是无聊、空虚、寂寞和痛苦。你也可以严以律己，约束自己：每天听着闹钟准时早起去跑步，每月坚持读一本书并详细做读书笔记，每天在关注健康的情况下控制饮食，对工作精益求精，哪怕一件小事，也要做到极尽完美。你最终收获的一定是：健康的体魄、充沛的精力，以及对生活充满激情和热望的斗志。自我约束，看似是一件不起眼的小事，却能成就一个人，也能摧毁一个人。如果说一个人对工作的态度决定了其在职场上的高度，而一个人对自己的态度，则决定了他人生的高度。

现实中，有人凭天分逆袭，有人凭先天条件逆袭，如果你什么都没有，那就只能凭自律脱颖而出。熵减的过程也是人生蜕变的过程，这个过程可能是痛苦的，但最终却能让你收获一个美好的人生。

## 自律是一种精神上的克制

斯科特·派克在《少有人走的路》中讲到，解决人生问题的首要方案，乃是自律。所谓自律，是以积极而主动的态度，去解决人生痛苦的重要原则。而自律，则意味着不贪图暂时的安逸，重新设置人生快乐与痛苦的次序：首先，面对问题并感受痛苦；然后，解决问题并享受更大的快乐，这是唯一可行的生活方式。从这个意义上说，自律是一种精神上的克制，要求我们先去承受痛苦，对人生逆势做功以对抗熵增，然后再去享受人生更大的快乐。从心理学的角度来说，就是在你小有成就的时候，将你的喜悦向后延伸，给自己留足做其他困难事情的时间及精力与思考空间，这是一种精神上的自我克制。

2018 年对于俞莉来说是不平凡的，用她的话说是她自己心理重建的重要一年。俞莉是个极为普通的女生，成绩平平，相貌平平，丢在人堆儿里根本不起眼的那种。她习惯了做中等生，但心中却藏着不服，觉得那些受老师待见的成绩好的学生，都是因为家境好或运气好，因为他们都有大把的时间去上补习班。

在一所普通大学毕业后，俞莉待在了体制内，沉闷的工作环境与她的性格极为应景。于是，她每天都是麻木地应付生活，她早已经习惯了与闺密喋喋不休地抱怨对生活的各种不满。习惯了下班后窝在沙发里吃垃圾食品看无聊的电视节目；习惯了整天抱着手机，刷微博、刷朋友圈，将各种短视频中的内容看了一遍又一遍。懒惰的气场慢慢地吞噬着她的内心，使她变得心胸狭窄，越来越自卑、软弱和敏感，对人生也越来越怀疑，对未来也越来越懈怠。

有一天，她早上起来穿着睡衣看着镜子中的自己，着实吓了一跳：凌乱的头发、满脸出油的皮肤，脸上布满了莫名的愁容和不高兴，水桶腰和粗大腿被裹在皱乱不堪的睡衣中，还未到三十岁的她像个近五十的老太太。就在那一刻，她真的开始讨厌自己。也就是在那一天，她开始试着改变。可是一年时间，她从未在一件事情上坚持超过两周。她想着考研，于是便成套成套地买书，可拿起一本断断续续地翻了不到三分之一便束之高阁；她想着以后一定要对孩子有耐心，可晚上她读了三个故事便想着去刷微博、逛淘宝；她说她想减肥，下了很多运动类的 App，每次都是跟着练了一次，之后就再也没有下文。那时的她觉得人能活得舒服，干吗要给自己找罪受，去约束自己。在她的观念里，努力改变自己是没错的，但也要适可而止，她不想把自己搞得那么累，于是，她口中的每一个借口和每一寸赘肉都是她向生活妥协的标志。

有一次，俞莉在书上看到这样一句话：有人说成年后有两种人，一种是成熟，一种是老。而未到三十岁的她已经成为后者：怨天尤人、唉声叹气、苦大仇深。那时的她渐渐地开始意识到自己所有的生活方式虽然算不上是恶习，但绝不是好习惯，而她的相当一部分不快乐来源于这些不良习惯带来的心灵的空虚。正是懒惰和空虚才让她的生活在不受控的情况下走了下坡路，那些真正能让人变好的选择和行为都会让自己暂时感到不舒服。她深知这一切，却无力做出改变，因为懒惰已经成了她刻在骨子里的习惯，以致没过多久发生的一件事真正刺痛了她的心。她让女儿关掉电视去写作业，而女儿便转头怒气冲冲地对她讲：你都不能做到，凭什么要求我？那一刻，俞莉无言以对，并促使她真正地开始改变。

2018年的元旦，俞莉拿起笔在纸上写下了三条新年愿意：坚持运动瘦到100斤，考取有关的资格证书、读完100本书。也就是自那一天开始，她开始真正地做到自律了。她的个人意识渐强，意志力也变强了。她开始坚持跑步，给每一天做计划：早起、读书、独处和感恩。这些习惯使她的生活不再凌乱，情绪不再失控，心灵不再空虚。也就是从这些改变中，她体会到了给人生做熵减所带来的快乐和意义。

在2018年的元旦她开始跑步，一直坚持到如今，她几乎未曾间断过，她还参加了人生第一次马拉松比赛。每天早晨起来先完成最少五公里跑步，春秋在小区楼下或公园，夏冬就去健身房，她通常会选择早上或晚上跑，因为这段时间不会被琐事打扰，不会被周围的事物扰乱计划。

跑步是个极为痛苦的过程，有几个关键的坎儿让她难受极了。她是极了解自己的，只要停下一次就再也难以坚持下去，这种逼迫的方式却给她带来了彻头彻尾的改变。她不再抵触，反而爱上了这种整日与懒惰作斗争的快感，享受一次次超越自己的过程，她也终于明白：自己的态度决定了自己的生活质量。

直到后来跑步已经成为她的一种解压的方式了，她不再逢人就倾吐自己内心的不快，而是对自己说：不开心就去跑步吧，大汗淋漓过后身体累了心也就安静了。除此之外，她还坚持每周游泳一次，每天抽空做五组平板支撑。能够让她长期坚持下来的是内在的自我意识而非外在的压力。一个人也只有在自我意识不断变强的过程中，才能将许多本不愿做的事情坚持下去。跑步让她的自控力开始变强，她后来人生的诸多转折点都源于跑步所带来的自信，因为正是在跑步中，她真正体会到了掌控生活所带来的畅快感，人生也向着更好的方向发展了。

另外，俞莉也开始学着列计划。她给自己准备了一本手账，目标就是满满当当记一本，不辜负这一年当中的每一天当中的每一页，保留生活的痕迹与回忆。她将自己的生活计划分为五年目标、一年计划、月计划以及日计划，长期目标比如有克服畏难情绪、善始善终、减少闲聊、保持微笑等。

年计划包括跑步1000公里，读完100本书，考取与岗位相关的资格证。每月来临前她都会列出每个月的计划指标，将要读的书月初都买好，需要复习的题提前勾画后，月底在日记中进行总结，同时再进行下个月的计划安排。每周都会抽时间读两本书，然后将计划分割到每天。提前列计划的好处就是能有效地减轻内心的杂乱与不安，当看到一项项被罗列出来的事物被勾画掉，内心别提有多满足了，心里清爽情绪自然会不错，执行起计划来自然也不会有任何的负担了。

另外，她还坚持早起。一年有三百六十五天，每天早起一个半小时，她就拥有了五百多个小时的时间。夏天她通常在六点左右就起床，而冬天则是在六点半，晚上一般十一点半入睡。虽然一天睡眠时间仅有六个多小时，但因为坚持运动的原因，睡眠质量超好，都能一觉睡到大天亮。对于俞莉这个年轻妈妈来说，在早上能拥有自己的时间是件极珍贵的事情。早晨起来，她通常会先出去跑步，每天都会做必要的复习，因为早晨很安静、思路也清晰，读书学习的效率会极高。每天早晨等她学完该学的内容后好似完成了一件大事一般，出门干什么都觉得一身轻松。她能在一年时间内顺利考下与岗位相关的资格证书，与她早上坚持学习是分不开的。

另外，她还坚持独处，有时间也不怎么约同事或闺密一起相互闲聊了，而是选择到一个安静的地方拿上书本去阅读，并且还写读书笔记，坚持写日记，正是这个过程让她更了解自己，享受一个人的时间。

同时，她也开始学着去感恩。之前她是一个爱抱怨的人，觉得有事不吐不快，憋在心里会令自己难受。可后来自坚持跑步后，她开始自省，觉得抱怨根本解决不了问题，还会一次次地强化顽固性思维，将本来的小事演化成大事，最终陷入全世界都亏欠自己的心理怪圈中。她觉得之前自己都将时光用于去嫉妒、难过、怨天尤人上了，鸡毛蒜皮的小事消耗了自己太多的时光，她要开始努力改变。她试着站在对方的角度考虑问题，抱着一颗感恩的心感谢曾经帮助和爱护自己的每一个人，在这一过程中，她开始变得坚韧、独立、强大，内心开始变得慈悲，对女儿和对父母都比之前更有耐心了。

到如今，俞莉曾总结道：一系列的战胜自我惰性的行为，让自己开始变得成熟了。他刚开始总是得过且过、自私、麻木、思维僵化。而如今的她眉间开始呈现出淡定、从容的表情，人也变瘦变精神了许多，内心有满满的幸福感。这可能就是生长的能力，也是坚持和积累的重要性吧！

对于个人来说，不加节制的放纵固然能一下子满足自己空洞的内心，长期下来也只能在个人短期欲望的边缘不断地徘徊，触摸不到更遥远的风景。而通过克制放纵和自我欲望，对人生逆势做功，能让自己重拾信心和对生活的激情，让自己摆脱对人生或工作有心无力的失控感，实现对人生的全面掌控，让自己长时间保持收放自如的状态，拥有可持续的信心与能力去应对生活的各种挑战与变化。

有人说，人生之路，可分为两类：宽门和窄门。宽门，就是简单的放纵自我的熵增模式，进去的时候很容易，但是道路越走越逼仄越晦暗；而窄门，就是逆势做功的熵减模式，进去的时候很艰难，但是道路越走越宽敞越明亮。在不了解的情况下，对于这两条路，多数人都会选择前者，但聪明的人都会选择后者。往往容易过去的路，再向前就是障碍；而靠着自己的力量历经艰辛走过去的路，再向前就是平坦道路。聪明的人明白，一旦走上容易走的路，就败给了自己的惰性，难以回头。说到底，他们具备延迟满足的能力，选择先度过硬的这关，在明明可以即时满足的情况下，还是想进行一番努力，为日后获得更长久的幸福和快乐铺平道路。

## 试着去热爱你所要坚持的事情

对抗人生的熵增，主要是为了激发自我活力，让生命体最大限度地保持对周遭生活的热爱和激情。可有人会说，对抗熵增与激情有关系吗？很多人觉得我们每天打扫卫生、努力工作、控制情绪、参与交流、保持学习……每天都去重复做这样的事情，如此枯燥，怎么可能激发个体的活力和激情呢？实际上，以上这些自律行为，可以有效地排除我们生命体系内的熵增，通过与外界的能量交换，让我们成为崭新的、更好的自己。比如，每天坚持清洁、打扫，可以让我们有一个舒适的生活环境，努力工作可以使我们精神更为富足，保持不断向上的动力，控制情绪可以使我们不再内耗，使内在处于更有秩序的理智状态；参与交流和学习，可以提升我们的认知和眼界，提升我们的生存技能，使我们变得更为“智能化”……而这些都是我们的活力之源，或者可以说，以自律的行为给人生做熵减，本身就是激情的表现形式。正是拥有了这种激情，才让我们有了对某件事情不断地投入时间和精力的驱动力。那么，在现实生活中，我们该如何持续不断地为自己的人生做熵减呢？那就是试着热爱上你所坚持的事情，有了“热爱”做内驱力，你更不用与自身的惰性作斗争了。

一位科学家天天都泡在实验室去做谁也不知道的实验。有时候为了一个实验，在里面泡一天甚至几天都有可能，或者天天都在核对实验数据，不断重复做枯燥的统计工作，甚至会为了一个数据的取证经历烦琐的验证过程。对这样的生活，多数人的反应可能是，这谁受得了啊！可对一个科学家来说，这就是他最感兴趣的事情，正是这份热爱和激情，才让他能够将精力源源不断地投入枯燥的实验室中。所以，如果你想要成为一个自律者，要持续不断地为你的人生做熵减，最好就是热爱你所坚持的事情。比如你决定要坚持读书，你首先必须先爱上阅读这件事，让它成为你的一种爱好。当然要做到这一点，方法是多种多样的。比如，你能从阅读这件事情上预知到它带给你的美好：它能提升你的谈吐和涵养；通过阅读，我们可以不断地更新和升级自己的知识系统、信息系统和观念系统，实现认知升级；也可以不断地丰富和拓展我们生命的宽度、高度和深度，帮助自己解除束缚生命的各种困惑，超越自我，找到内心的能量，为自己“修建”一座烦恼无法“入侵”的精神家园等，你便有了持续阅读的驱动力，那么，让阅读本身成为一种自律行为便不再是件难事了。

很多时候，我们无法让自己保持自律，总做出“三天打鱼、两天晒网”的事情，是因为我们对那件事没有足够的热爱，或者外界的短暂的“垃圾快乐”消耗了你的激情。所以，我们要做到自律，最直接的办法就是培养你对所要坚持之物的兴趣或者信念，同时也要戒掉“垃圾快乐”。

当然，很多人总觉得个人的“喜好”应该是先天因素决定的。比如谁谁是个天生的音乐家，谁谁小时候就表现出非凡的语言表达能力，将来一定能成为作家。所以，我们会觉得一个人爱好一件事情，应该是先天因素决定的。事实并非如此。

美国一个学校曾组织了一次集训活动，带队老师让学生们说出自己的“爱好”，并且回顾当年他们如何喜欢上这个“爱好”的。结果显示，多数学生的爱好都是后天因素的结果。其中，一个叫艾玫的女孩，她向老师讲述了故事：

艾玫是一个高且瘦的女孩，在看到她之前，让人很难将她与“攀岩”这个运动联系到一起。但这确实是她的一项爱好，还持续性地每周坚持做三次以上的攀岩运动，并且已经坚持了五年时间。

原来，一次艾玫和朋友们到某个户外主题公园去玩，路上他们看到了一个攀岩游戏，当时她就和朋友打赌自己是否能顺利地攀上去。自然，她的朋友对此不屑一顾，认为以她的身板和体力根本不可能顺利完成的。但这恰恰就激发了女孩的斗志，艾玫决定去挑战一下。

“当时我什么都没想，只想证明自己的实力。所以我就使劲儿地往上爬。等我爬了一会儿的时候，我发现之前认为我无论如何都不可能上去的那个朋友的态度开始转变了，他对我不再是冷嘲热讽，而是开始给我喊加油。同时，在我向上爬的过程中，往下看到下面越来越多的陌生人也驻足给我喊加油，鼓掌，我觉得自己浑身充满了力气，最终坚持了下来。”

“那么，你在攀爬的途中有想过要放弃吗?”老师问她。

“嗯……老实说，在我刚爬上去不久就觉得体力不支想放弃。要全程做完那个对我来说真的太难了。但是当你爬得越高，底下就有越来越多的人为你鼓劲儿，我想我当时只是不想让他们太失望。所以，当我爬到顶的时候，我就知道我已经爱上这项运动了。”

其实，在现实生活中我们可以细想一下，那些我们热爱的并为之坚持的事情，我们之所以能够长久地做下去，是不是因为遇到了如这个女孩类似的情况呢？

在自律者的眼中，“热爱”是一个人对某件事情或事业达到狂热程度的积极热情的一种态度，它犹如胶水一般，在你遇到困难或想放弃的时候，它能够让你有足够的信心再次坚持下去。当周围的人在大声喊叫“不，你做不了”的时候，它就会轻轻地在你耳边对你说：“我早晚能够做到！”所以，要想做到自律，那就先试着去培养你的兴趣和爱好吧！

## 自律不是做“机器人”，而是有效地管理自我

生活中，大多数人对自律式的熵减行为都有一个误区：比如无论在任何时候，我都要做到6点起床，22点准时睡觉。比如给自己制订了一个健身计划，严格按照计划做，分毫不差。实际上，真正的自律式熵减并不是让你做机器人，非要要求自己在规定的时间内做特定的事情，它实际上是一种高效的自我管理能力。比如有一天因为工作上的事情，你加班到23点，那你给自己制订的22点准时睡觉的计划是无法执行的，这个时候，我们就要适当地调整计划。要知道，我们制订作息时间或健身计划的最终目的是为了保持旺盛的精力。真正的自律式的熵减，是为了有效地管理自我，使我们的生活保持有序，使我们获得更高的生存质量，而不是让自己成为严格执行计划的“机器人”。

那么，在现实生活中，什么才是真正有效的自律呢？

1. 下定决心的行为要有持续性

张强经常会给自己立计划表：明天一定六点起床，学会20句英语口

语，结果坚持没两天就宣布放弃……接下来，因工作需要，他又给自己立计划表：从明天开始每天坚持读半个小时书，结果书买回来头一天读了几页后，就一直放在床头，再也没翻过……

刘飞看着体检表，听着医生的劝告：有几项不达标，你要注意休息了，别再熬夜了……接下来的一周他遵医嘱，晚上按时睡觉，但后来又因为与客户谈事而熬通宵，不到半个月生活就回到了原来的轨迹……为了健康，他开始计划着戒烟戒酒，刚坚持不到两天，晚上就被朋友拉到酒吧，结果喝得酩酊大醉……

张宣因为自控力差、脾气大，经常与周围的同事发生这样或那样的不愉快，致使她在单位的人缘极差。接下来，她下定决心改变自己，与人交往时始终保持微笑和不急不躁的态度。这种状态保持了三天，接下来就因工作问题与上司发生了争吵……辞掉工作后，张宣开了一家小服装店，因为自己的生意，她又决定改掉自己的坏脾气，不断告诫自己在与客户打交道时一定不能急，要控制好自己的情绪。但坚持没几天，她却因为服装的价格问题与进货商发生了冲突……

不可否认，生活中能“开始”自律的人很多，但最终能“坚持”自律的却没多少。相比不自律来说，更可怕的在于，你总是沉醉在间歇性的“伪自律”的假象中，享受它带给你的自我满足感。我们总是不断地给自己立各种学习计划表，这月学英语、下月学法语、下下个月学西班牙语，结果都没能坚持几天就放弃，各种语言只学了点皮毛，还给自己冠以“爱学习”的标签，刷朋友圈炫耀自己的上进，这种没有目标、毫无持续性的“伪自律”，很容易让我们在自我满足感中迷失。

一切落实不到具体行动的“打鸡血”，都是伪自律！真正有效的熵减式的自律是有持续性的，能让你预见并实现美好的结果。

2. 要有明确的目标的自律

每天只知道吃饱了混天黑，类似于一种行尸走肉般的生活。因为他们没有明确的目标，单纯是混日子，不知道自己为何而活，就是混吃等死。所以，一个对生活毫无目标的人，不配谈自律。

真正的自律达人，能让其长期坚持一件事的，多是激情的驱动，而并非单纯的个人意志力的鞭策。当一个人的激情只有为目标而燃烧的时候，才能够持续且产生价值，才是真正有效的熵减行为。

3. 习惯性的自律

在生活中，很多人能将一件事长年累月地坚持下来，主要依靠个人激情和热爱的驱动。而单依靠个人意志力，是极难坚持去做一件困难的事情的。要将一件困难的事情持续下去，还要将它培养成一种习惯，让它成为你生活中必不可少的一部分。

大学期间，晓琳的宿舍共住六个人，大家似乎都很迷茫，不知道具体要干点什么才算是有意义的事情。后来，受一个写作爱好者的影响，连续一个月时间大家都开始坚持每天写日记，但是还未到一个月，五个人都放弃了，只有一个人在坚持。

其他五个人对那位坚持写作的同学说："每天写作貌似没啥用啊，期末又不考写作。还不如多做些英语题来得实在，兴许还能早一点儿过英语四级……在这样的小城市，多学些技能兴许毕业后还能找个不错的工作……坚持写作又有什么意义，我们又当不了作家！不如早点放弃吧。"

而坚持写日记的那位朋友却笑而不语，只是默默地坚持着。直到毕业时，当大家都在为找工作而不知所措时，她却早早地被一家报社聘请当了记者。原因是，大学时她就不停地往这家报社投新闻稿，其中有20余篇都被采用。

同宿舍一个人曾问她："是什么让你一直坚持写作的，如此枯燥的事情你竟然能坚持下来，真是不容易呀！"

她说："我刚上大学时，就给自己买了六本厚厚的日记本，曾发誓一定要用文字将它填满！于是，我每天晚上就开始写日记，倾吐自己的心声。大概坚持了两个月，我发现这个习惯已经成为我生活中的一部分了，每次有心事就想通过写作倾吐、发泄。”

听完她的话，那位舍友才明白：要长久地坚持做一件事情，原来是靠顽强的意志力和浓厚的兴趣支撑。其他的几位舍友之所以坚持不下来，就是因为意志不坚定，放弃肯定是必然的。

当你不需要别人的监督时，自律已经成为你的习惯，成为你生活中的一部分。那么，自律就是水道渠成的一件事了。

要保持自律，不能单纯地依靠个人意志力，等意志力消耗完的时候，就是你放弃的时候。这个时候，你就要懂得给自己注入激情，比如你畅想这样做一定能实现目标，如此你就不会觉得累，更不会觉得难。做到这些都不算难，真正难的是你该如何保持对生活的热爱以及练就对任何事情都认真的态度，还有那颗始终不甘于现状的心。

## 靠意志力来支撑你的自律行为，是一项技术活儿

要以自律的形式给人生做熵减，刚开始必须依靠强大的意志力。意志力就是让我们产生熵减的大脑平衡机制，它可以让我们摆脱暂时的舒适，去做那些暂时感到痛苦的事情。但是，著名的心理学家阿尔伯特·班杜拉曾指出，意志力是一种消耗品。这也意味着，当你做事缺乏动力时，意志力的消耗会猛涨。意志力消耗量较高时，你会难以长期地维持一个行为，自律也就显得极为困难了。比如，你想瘦身，激发了让自己出去运动的动力，你想锻炼的意愿就必须比躺在沙发上玩手机的意愿更为强烈才可能让你真正走出去。在这样的情况下，你大脑中需要不断地尝试很多次才有可能会成功一次。也就是说，要拥有持续性的自律，难道就意味着非要靠个人的意志力，一次次地忍受痛苦，才能变成现实，达到既定的目标吗？实际上，仅靠个人意志力去长期维持一种行为，是一件难事。但是，运用意志力做熵减，却是一项技术活儿，它是需要技巧的。

刘枫最近和朋友聊天，总是会忍不住吐槽自己的意志力太弱。他说："比如说我会同时发展许多的爱好，窃以为自己都能够 Hold 住。夏天的时候跟着朋友学滑板，荡板荡了十几天，没学会带板起跳便放弃了。在支教的时候学习吉他，买了一把吉他还没弹几天，就放在一边再也没拿起来过，理由倒是有一箩筐……我如何才能将一件事情坚持到底，并成为更好的自己呢？我有些气馁，对自己有点不满意。有时候我还学着去安慰自己，人的意志力也许天生就有差异，某些人生来意志力就比别人强。而我就是弱的那一个。""三分钟热度"是刘枫极不情愿给自己贴的一个标签。他曾经尝试着做一些改变，结果却总是不尽如人意……

我们渴望自己的生活富有秩序性，想改变自己，想熵减，但是困难重重。大多数人会怪自己意志力薄弱，同时这种中途的"放弃"也让我们人生充满了沮丧和自责，靠意志力支撑起来的熵减行为所导致的糟糕的结果，使我们沉浸于痛苦中，却未曾意识到，这只是你的方法出了问题。

实际上，意志力并非全靠主观控制的，真正让你通向意志力强大之路的，是那些你为自己创造的条件与适当的方法。你的意志力不够强，真的不能怪你，你只是没有找到合适的方法。通俗来讲，依靠意志力来支撑你的自律行为是一项技术活儿，下面，我们就着重介绍一下，如何依靠意志力来有效地维持你的熵减行为。

1. 分清楚主次，避免意志力的损耗

意志力是一种消耗品，它是一种有限资源，要省着用。每天早晨起床后，通常人的精力最旺盛，意志力储量也最大，但随着一整天处理的事情越来越多，意志力便会慢慢地被消耗。所以我们应该将意志力用到最重要的事情上。

要知道，一些艺术家闭门创作的时候不修边幅，并非为了表现另类的一面，而是他们将意志力都用到了需要消耗巨大能量的创作上；一些商业人士为何不怎么爱说话，不是因为他们内向，而是将意志力都用到了需要消耗巨大能量的商业运营策略上。

一般来说，早晨的时光都是异常宝贵的，我们一定要好好运用它，否则等那段黄金时间一过，当你再想用意志力去实现目标的时候，已经做不动了。

2. 对目标进行有效管理，减少决策性的内耗所带来的疲惫感

“一选择就陷入纠结中”，是很多人迟迟无法专心去做一件事的主要原因。他们的目标太多，需要做更多的决策，其内心也就越纠结，行动力自然也就低下了。这种“纠结”真的会消耗人的意志力。比如你决定将阅读坚持下去，于是你便开始思索：是该看对自己有用的工具书，还是该去读自己最喜欢的小说？是该在网上购买，还是该到图书馆去借阅？如果去图书馆，该开车去，还是坐公交？等等，最终让自己陷入疲劳的状态，甚至连书都不想买了。所以，在决定靠自律改变自身时，为了避免陷入决策疲劳，请将事情按轻重缓急排序，然后挑最重要的去立即展开行动，合理的目标管理才能帮助你用好意志力。

3. 及时为你的意志力“充值”

生活中，那些最消耗个人意志力的是“负能量”，比如消极的情绪、周围消极的声音等。所以，要保持较强的意志力，就要远离这些“负能量”，并且懂得运用积极的动作、充满正能量的话语等给自己的意志力“充充值”，帮助自己更好地实施自己的计划。

一位朋友在自己创业期间，曾经在家里的墙壁上、书桌上都贴上励志性的标语。甚至在客厅正中央贴了一张巨型的一辆豪车的图片，每当自己消沉的时候，就会告诉自己：“今天我要先把这辆豪车的轮胎钱挣回来！”

在日常生活中，我们也会发现，在销售类的行业，通常都会开晨会，会场气氛异常地激烈，各种打鸡血。普通人可能会觉得浑身起鸡皮疙瘩，但这却是充满意志力能量最好的方法。越是有挑战性的工作越是需要更强的意志力。

一位想要减肥健身的女性为了督促自己每天跑步，特地跑到商场花了几万元买了一条高档的裙子，为了能早日穿上这条裙子，她每天便雷打不

动地去健身……

别以为这种“打鸡血式”的方法没有用，目标视觉化后，分分钟能够提升自己的意志力“能量”。要知道，达成目标的路上有太多的诱惑，当我们看到满墙目标的那一刻，很可能会因为短暂的懈怠而产生羞愧感，从而让自己重新投入到有意识的奋斗之中。

## 用意志力将自律行为变成一种习惯

我们知道，个人的意志力是会随着时间的推移而不断地被损耗的。所以，要持续性地以自律的方式实现人生的熵减，最好的方法就是运用意志力将一行为持续性地变成自我的一种好习惯。要知道，一个人的习惯是强于理智的，而且习惯几乎不损耗人的意志力。

在现实生活中，我们也会发现，习惯了每天跑步的人，每天就是跑10公里也很轻松；习惯了早起的人，冬季从寒冷的床上爬起来也不觉得痛苦。要真正搞清楚这一点，我们就要了解大脑是如何处理行为的。

美国心理学家斯蒂芬·盖斯在《微习惯》一书中指出：“人脑有两种行为处理模式：有意识处理行为和无意识处理行为。前额皮层负责处理有意识行为，如果有能改进的地方，它就会介入。但因为它的功能太过强大，所以会消耗太多精力，让你感到疲劳。它就像一个聪明的弱者。当你疲劳时（或者有压力时），掌管重复的部分（基底神经核）就会接管大脑。研究发现，基底神经核掌管行为的研究者即使被明确制止，也会克制不住模仿研究员的荒谬行为。它虽然非常‘愚蠢’，一味模仿、行动，但同时也非常强大，不消耗意志力，也不依靠情绪。”他告诉我们，在生活中，如果你想把某一件很重要却做起来很累的事做好，最简单的方法就是在行动时，请前额皮层让位给基底神经核去负责这些行为——将你想要做的事培养成习惯。

培养习惯靠的是意志力。意志力是我们用来克服抵触情绪，采取行动的能力。它可以像肌肉一样得到强化。如果你连续 60 天做 100 个仰卧起坐，即使还没有形成自觉行为，第 61 天时，你也会觉得比第 1 天时轻松很多。当习惯养成后，行为既不损耗意志力，也不需要靠动力。研究发现，人们进行习惯动作时并不带有情绪。当习惯养成后，对意志力的损耗会越来越小，直至你再也感觉不到自己的抗拒。

养成习惯就像是在行为和基底神经核之间建一条高速公路。通过不断的重复，随着次数的增多，这条神经通路就会更粗、更牢固。很多事就变成了一辈子的习惯，一劳永逸。

小说家村上春树在刚开始跑步时，是这样描述他的经历的：

刚开始跑步，有一段时间很痛苦，因为我跑不了太长的距离，便气喘吁吁几乎要窒息，心脏狂跳不已，两腿颤颤巍巍。因为很长时间不曾做过这样的运动，然而直觉告诉我，跑步这件事我必须坚持做下去。于是，仅凭着毅力我将跑步这件事情坚持下来。跑了一段时间后，我的身体便接受了这件事，与之相应，跑步的距离也一点点地增长。跑姿一类的东西也得以形成，呼吸节奏变稳，脉搏也安定下来了。速度与距离姑且不问，我先做到坚持每天跑步，尽量不间断。

就这样，跑步如同一日三餐被组编进了生活循环中。

这是一个循序渐进、耐心坚持的过程。同跑步需要坚持一样，村上春树还发现生活工作中处处需要坚持。

村上春树也知道，自己是个易于发胖的人。为了不增加体重，他每天坚持运动并且留意饮食，处处有所节制，生活过得很是自律。可跑着跑着，树上春树又认识到自己生来易胖的体质却是一种幸运。他发现如果他从不偷懒、坚持运动，那么身体便会越来越强壮。相反，原本让人羡慕的、什么都做也不发胖的人，由于无须留意运动和饮食，随着年龄的增长，体力反而会日渐衰退。

村上春树是个自律者，从设定目标，再到动用意志力坚持，然后再坚持到最后，养成了一个良好的习惯。然而这个良好的习惯一旦养成，将不需要意志力便可以更好地维持自律的状态，这是一个良性的循环。所以，当我们想通过自律行为来改变自己时，那就运用前期的意志力将其行为变成一种习惯。

比如，你躺在沙发上面，特别不想把当天遗留的工作完成，我们趋乐避苦的本性会控制你，对你说，宝贝，躺着多舒服，工作今天不完成也不要紧！这时你可以告诫自己：就做一点点，明天完成这项工作，说不定上司见我表现积极，会给我加薪呢！

早上起床，你躺在床上，特别不想早起去跑步，本性会说，宝贝，床上可真舒服啊！听到外面呼呼的冷风了吗？出去跑步不是找罪受吗？这时你可以告诉自己，我就出去湖边转一圈。

你手里刷着手机，特别不想看书，我们的本性会说，宝贝，手机可真好玩啊，神经病才去看书呢！这时你就告诉自己，我就看三页书。

……

如果刚开始你觉得自己难以做到自律，那可以先从一个极小的点开始做起，然后从点滴之中养成习惯，然后相信时间的力量。在行为心理学上，这种方法叫作“微习惯”策略。运用这种策略来管理自己，所出现的最为糟糕的情况也只是没有超额完成目标而已。而最好的可能是你将自己45%的行为重新洗牌。用毫不费力的方法，达到任何你想要达到的目标。

## 将大目标拆解为小目标

自律，本质是通过对自我的一种管理，达成最终的目标，从而实现人生的熵减。但是，生活中很多人难以自律，是因为制定的目标太大被“吓”退缩的，还有的是因为目标太过模糊，不够具体，从而不知如何去行动。面对这种情况，我们就要懂得去拆分大目标，将目标清晰化、细小化，然后再去行动。

小涵在2016年的时候想学习写作，去挑战人生更多的可能性。她当时的目标是写出3000字的长文。这对于她来说是一个天大的数字。不过，看着很多自媒体公众号，动不动就五六千字。于是小涵暗下决心，一定要像他们一样，能够随心所欲地写出长文来。

有了大目标后，她就开始将这大目标拆解为小目标。

将文章分成10个部分，每个部分300字，每300字讲一件事。每天早上写300字，分成10天完成。每天完成一个小目标后都给自己一点奖励，有时候是一杯茶，有时候是一份小甜点。当完成到第五天的时候，奖励自己吃一份大餐。

当有了这样的一次经历后，她再也不为“写作”这件事感到恐惧，就像一个“心锚”固定在心中，稳定而踏实。

很多时候，我们的目标因为太大，实现过程过长，你会因为苦苦追求而不得变得灰心气馁，所以必须辅以实现过程相对较短的中期目标，中期目标位于目标金字塔的中部，起到缓冲和巩固的作用，但只有长期目标和中期目标，金字塔还是不完整的，所谓“万丈高楼平地起”，目标金字塔也需要有坚固的根基，它的根基便是近期目标，近期目标是一个个可视化的里程碑，其特点为具体、清晰、明确，能让人对金字塔这项恢宏工程的落成充满信心。

金字塔层级目标好比连环套，长期目标统率中期目标和近期目标，而近期目标和中期目标又牵制长期目标，三者之间彼此制约，互相影响。设定“金字塔”式目标需要耗费心力来考虑各种因素，以下几个步骤可以让你开启设定目标的进程：

1. 写下你的目标清单

你的人生目标展现的是你人生的抱负和一生的追求，如果不想虚度年华，把宝贵的时间和生命浪费在无意义的事情上，你必须设立自己的目标清单。你需要了解自己一生真正想要的是什么，真正想完成的是什么事情，想在一生中成就何种事业。把这样的目标用一句精练的话概括出来，如果其中任何一个目标是另一个目标的重复表述或者是其关键步骤，就将它从目标清单中划除。

2. 设定时间框架，划分目标层级

对于终极目标你必须设定一个时间框架，以此支撑起金字塔的层级结构，以时间的长度为基准，设定十年计划、五年计划、一年计划、季度计划、月计划、周计划、日计划，还可以设定几个小时或一个小时的计划，划分出长期目标、中期目标和近期目标。

3. 写下每完成一个目标所要采取的行动

这个步骤旨在拟定一个检查清单，因为你预估的目标实现的时间可能不符合现实，而行动则是检验真理的唯一标准，对自己接下来的行动步骤了如指掌有助于你科学地设定完成目标的时间。

4. 通过落实行动，对时间框架做出必要的调整

在完成近期小目标时，你便可以根据自己的执行情况对预估的基层时间框架做出调整，同时对完成中期的目标时间做出更合理的判断，纠正想象与现实的偏差，完成中期目标后准确记录实际耗用的时间，并对整个目标时间框架做出更合理的调整，对长期目标的完成时间做出更为准确的估计。

5. 检查目标框架，定期填写时间进度表

详细填写每日、每周、每月、每季度的时间进度表，以便你能随时了解自己距离完成近期目标、中期目标、长期目标还剩多少时间，使自己按照预定的方式来完成各个目标。定期回顾自己完成目标的情况，写下自己已经完成的部分，把未完成的部分累计到下一个目标计划中，同时合理调整时间框架。

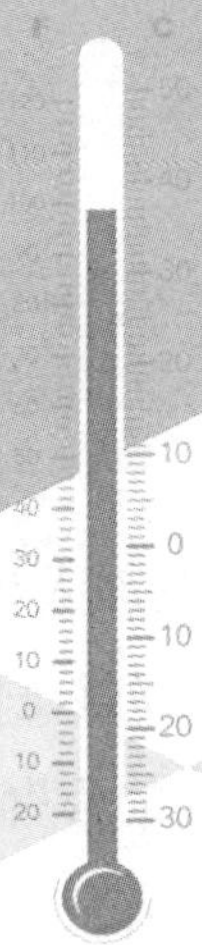

# 第四章

# 降低内耗，给情绪做熵减，找回你的内在能量

以自律的方式去追求个体健康和成长，是一种体力和智力上的熵减，而有效地降低内耗，则是可以实现心理上的熵减。在生活中，我们可能都有过类似于这样的体会：工作有一点变化，就彻夜辗转难眠，担心领导对自己不信任；考试还未开始，就担心自己考不过；恋人没有及时回复信息，就开始胡思乱想；遇到需要做出选择的事，就左右为难，纠结很长一段时间……焦虑、纠结、自责、悔恨、嫉妒等都是我们内心爆发的“战斗”，实际上都引起了不同程度的自我消耗，它能摧毁我们的热忱与行动力。所以，生活中，我们要学会主动降低内耗，懂得平衡内在情绪，找回自己的内在能量，实现自我心理上的熵减。

## 给情绪做熵减：安抚好内心，才能安抚好外在

心理理论之父、积极心理学奠基人米哈里·契克森米哈赖在其著作《心流》中提出了这样一个概念，那就是情绪熵，即指我们的情绪会一步步地走向熵增，熵增就是混乱无序的程度。这也意味着，在生活中，我们的情绪如果不加整理或干涉也会由有秩序的理智走向混乱，消耗我们的内在能量，致使无法集中注意力。所以，在生活中，我们也必须对自身的情绪做熵减。

生活中，我们可能都会有类似于这样的感受：总会回忆起过去诸多不好的事情，这些事情会让我们的注意力变得涣散，如果不加干预就会接着做不好的事情。结果又产生了不好的结果，而这些又成为以后的不好回忆。这便是一个失败者的增强回路，也是个体情绪熵增的结果，如果不加干涉，我们便会失去对自我生活的掌控感，任由负面情绪肆意泛滥，致使生活滑向散漫、悲观和失败的深渊。所以，在日常生活中，我们要懂得时时给自己的情绪做熵减。只有懂得给自己的情绪做熵减的人，才能在安抚好自己内在的同时，安抚好外在的世界。

周一一大早，布朗便骑着单车去上班，他之所以选择骑单车去上班，一方面是因为自己住的地方与单位距离很近，另一方面也是为了锻炼身体。在布朗看来，一个人的健康的体魄是人生一切的基础，所以，他极为注重饮食和锻炼，就算是在工作极为繁忙的日子，他也是挤出一切可能的时间来锻炼身体。

可糟糕的是，他骑车没走多远，便发现车子的轮胎没气了。仔细检查后发现轮胎坏了，必须要换一只新的才能上路。但因为时间太早，附近修车的车棚都还没开。于是，他又打电话给这家单车的品牌维修店，但人家还未开门……这让自己的情绪越来越糟糕。他内在压抑着愤怒，无奈地又

推着单车返回家中，将它放在原地。因为怕时间来不及，他只好想着打车，结果好久都没有叫到车。这让他内在又多了一分愤怒，于是，他便选择了跑步到办公室。结果，还是迟到了。他刚进办公室，发现同事们正在会议室开会。为了不让他突如其来的到来打扰到其他同事，领导示意他先别进会议室，这让布朗感到极为尴尬，他内心的愤怒又多了一分，觉得今天真是倒霉的一天……事后，他的同事鲍布向他传达会议内容，因为愤怒在内心翻江倒海地“作乱”，他根本没能将同事的话听进去。这也让他接下来的工作陷入了混乱中……到下午的时候，他被领导叫到办公室，询问他为什么不按早上的指示去执行工作，布朗委屈地说，是自己的同事鲍布没能精准地向他传达会议的内容，随后，领导又将鲍布叫到办公室与布朗对质，鲍布则义正词严地说自己完全按照要求将会议内容传达给了布朗，是因为他心不在焉而未将自己的话听进去……这便激怒了布朗，他再也压制不住自己内在的愤怒情绪了，便与鲍布进行了激烈的争吵……最终的结果是，布朗被领导批评和处罚，这也意味着接下来半年时间内他的升职无望……一天中，这些接二连三的不顺发生后，他突然间有了被迫害的感觉，觉得这一切不顺的背后，都有一个巨大的神秘的力量在操纵着……

生活中，我们可能都有过布朗的经历，因为突如其来的一件遭心事，便会产生负面情绪，使原本平静和理智的内在陷入混乱状态。接下来又因为内在不断积压的愤怒接二连三地发生更为糟糕的事情，让我们觉得这一切不顺的背后似乎有巨大的神秘的力量在操纵着。实际上，推着自己不断地走向不顺的，不是什么神秘的力量，而是自己内心不断地积压的愤怒情绪。正如布朗一样，如果他在上班前，就将内心因为单车损坏而产生的所有的愤怒都轻松化解掉，以轻松、明朗的心情面对工作与同事，那么，接下来的一系列糟糕的事情就不会发生。这正如我们的人生一样，一个阶段，当我们觉得自己被厄运缠身，接二连三地发生不幸，就是陷入了失败者的增强回路之路。这源于我们内在情绪熵增的结果。而生活中真正的强者，则会时时懂得去体察自己的情绪，并通过有效的方法去调整自己，进而阻止悲剧的进一步发生。可见，我们人生很多时候拼的不是机遇、不是努力，而是持续的良好的情绪管理能力。

著名心理学家吉姆·洛尔博士在其著作《精力管理》中指出，能轻松调动人的精力的有四种来源，按金字塔式的结构从上到下分别为：意志、思维、情绪、体能。这告诉我们，一个人能调动自我精力，成就事业的基础是体能和情绪，换言之，如果一个人缺乏必要的健康与情绪管理能力，那么你再有智慧，有再伟大的梦想，都难以实现。这里的健康管理不在我们的讨论范围之内，而极强的情绪管理能力则是我们必须要重视的。极强的情绪管理能力关系着你是否能安抚好自己的内心，能否在极为关键的时候呈现出自己最美好的一面，是否能平静地对待自己且温和地对待别人……日本作家司马辽太郎在其小说《德川家康》中说德川家有一个军师南天坊天海，他年轻时的法号叫随风，立志于化解诸侯间的战争，但他所到之处，反而让纷争变得更为厉害。后来随着修行的精进，他逐渐认识到，因为内心充满激烈的敌意，所以无论到了哪儿，意识上虽然想做和平的事，但内心的敌意却激发出周围环境更大的敌意。所以，他必须先安抚好自己的内心，才能去安抚他人，进而安抚天下。这对于我们普通人也一样，只有时时懂得给情绪做熵减，懂得及时清理掉头脑中不理智的想法，懂得厘清和疏通情绪，尽力地清空干扰，安置好自己的内在，才能有效地发挥自己的聪明与智慧，才能实现自己的梦想。

## 降低情绪熵，首先要懂得体察自我内在情绪

给情绪做熵减，最重要的一步就是要懂得体察自我情绪。具体来说，体察自我情绪是指能够准确地觉知自我内在情绪的产生、变化，这是好好地整理情绪，使自我内在恢复理智的前提。

调皮的儿子将家里搞得乱七八糟，玩具被扔得四处都是，书房里的书

也被翻得凌乱不堪……晚上下班到家看到这些，本来就心情不大好的爱丽丝立即火冒三丈，对孩子怒吼，并做出要打他的架势来。天真的孩子被吓得不敢动弹，他的小脸憋得通红，想哭但又怕妈妈动手打他……看着孩子可怜的样子，爱丽丝立即察觉到自己的做法有些过激了。她意识到，孩子不听话，她完全可以耐心地教育他，而不是用这种方法来恐吓他……等她静下来，意识到自己的确是陷入了负面情绪的泥潭中，于是，她开始反思自己的行为。

爱丽丝意识到，自己的愤怒源于单位，确切地说源于她的上司。因为白天的一次工作失误，爱丽丝受到了部门领导的批评，这让她内心产生了愤怒，并且为了静下心来弥补工作失误，她一直压抑着这种愤怒，直到晚上回到家，儿子的行为一下子触动了她内在紧绷着的那根弦，愤怒便被宣泄了出来。同时，爱丽丝也深知，她之所以在单位对自己内在的愤怒隐忍不发，主要是上司相对于自己是强势的，而回到家能对着自己的儿子发泄，是因为儿子对于她而言是弱势的。体察到自己的情绪后，爱丽丝内心很快便平静了下来，她向儿子道歉并去拥抱他，以安抚他的情绪，儿子终于哭出了声。爱丽丝意识到儿子这是在发泄自己内心的委屈，于是，她慢慢地走过去抱着儿子让其情绪自由地流淌……从此之后，爱丽丝便不会随意对着自己的儿子乱发脾气。每次负面情绪袭来时，她都会静下心来仔细地体察这些负面情绪产生的根源，它是如何左右自己的行为的，并会采取有效的方法及时将它们疏泄出去。慢慢地，爱丽丝开始变得心平气和了，她的事业也取得了不小的进步！

懂得及时体察自我情绪，是有效地疏导负面情绪的前提，也是降低情绪熵增的最为关键的一步。在生活中，及时体察自我情绪具体是指，时时询问自己：我当下的情绪是什么？尤其是当负面情绪袭来的时候，你要能及时意识到自己正处于负面情绪中，同时要去思索：这些情绪是如何产生的，我该采用怎样的方法将它有效地疏导出去，让自己获得平静。如此这样，你便能时时保持一个平和、安静的心境了。比如，当你因为朋友约会迟到而对他冷言冷语时，那就不妨问问自己：我为什么会这么做？我该如何安置这些负面情绪？如果你察觉到你已经对朋友三番两次的迟到而感到生气，此时就是你学会正确处理情绪的机会。

在生活中，我们可能也听到过别人这么说自己："真是莫名其妙！究竟是谁惹你了？"或者"今天这是怎么了，好像全世界都跟你有仇似的！"而你却觉得："我没有怎么样啊？我特别正常。"这就意味着，你还没能意识到自己的情绪出现了问题。

当然了，情绪作为一种意识，有时候极为微妙，极不易被察觉。这就需要我们时时地关注自己的心情，在心情感到"不舒服"的初期，就要去想办法排解或者舒缓，将不良情绪扼杀在萌芽状态。如果你刚开始还未意识到自己的情绪不好，但是在经别人提醒之后："你这几天是怎么了？一丁点儿的小事就发火。"这个时候你就要静下心来体察自己的情绪，问问自己："我这是怎么啦！""究竟是什么事或物让我感到不舒服了？""我该如何排解这些负面情绪呢？"坚持这样去做，你就随时能做到不让负面情绪困扰着自己。

总之，懂得及时体察自我情绪是整理自我情绪的第一步，连自己情绪处于混乱状态都不自知的人，是难以安抚好自己内心的，更不懂得给自己的情绪做熵减。在现实生活中，我们具体该如何去做呢？

其一，敏感地感受自己，细心地观察他人。要体察自我情绪，就要时时保持一颗敏锐的心，即当自己的心情有变化时，自己能够感知。比如，在自己的心情不佳时，及时提醒自己："今天情绪处于低潮，要想办法去排解一下，找点其他事情去转移一下注意力！"或者"这几天做什么都觉得没意思，我究竟是怎么了？必须找出原因然后改变这种状态！"

同时，也要学着与自身的情绪进行"对话"。在现实中，有些人对自我情绪观察体察能力不强，那就要通过观察他人的反应来体察自己的情绪，比如当你看到周围的人貌似对你没以前热情了，你就要反观自己："这几天是怎么了？连孩子也说我这几天说话态度不好，我还不自知，难道真的是这样？”通过感觉自己与观察他人来体察自己的情绪，也是一种较好的感知自我情绪的方法。

其二，找出情绪产生的根源。我们不仅要及时体察到自己不佳的情绪，更要知道自己产生这种情绪的根源是什么。是孩子不省心，或者是工作不顺心，还是没休息好等，只有找到病因才能对症下药，才能让自己及时从负面情绪中走出来。

自我体察力像是一个放大镜，甚至是显微镜，可以照出我们的内心是怎么发展变化的。那些生活中你看起来极为简单的情绪问题，背后隐藏着诸多的问题，我们需要一步步地剥茧抽丝地找出问题的根源，才能真正地找出问题的核心，进而解决掉问题。可以说，学会体察自己的情绪，是情绪管理，使自我内在恢复秩序性的第一步。

## 内在的矛盾和冲突最消耗心理能量

在现实生活中，当你感到烦、纠结或不开心，大都是因为内在的矛盾或冲突造成的。矛盾或冲突，也就意味着你的内在有两种力量处于战争或撕扯的状态，而这恰恰是最消耗你的内在能量的，所以工作中我们会感到疲惫，会觉得压力将自己压得喘不过气来，并不是说任务本身有多繁重，而是这项工作让你陷入了内心撕扯的状态，消耗了你的内在能量，这种内耗行为让我们无法安下心来去专注于创造更高秩序的事物或信息，所以它是一种典型的心理上的熵增。比如领导给你下达一项工作任务，你本身对这项工作任务很排斥，它可能并不是你自己所擅长或喜欢去投入做的，你内心就会对这项工作产生排斥心理，这种排斥感会让你内心处于必须做与不情愿去做的“战争”状态，内耗也就产生了，心灵自然会感到疲惫不堪……很多时候，让我们感到疲惫不堪的并不是事情本身，而是这件事情让我们陷入了内在“战争”的状态，从而消耗我们的心灵能量。有人在爱情中感到疲累，是因为恋爱让他陷入了矛盾的状态：对恋爱对象身上某些特质的迷恋与自己渴望自由之间有了矛盾，这种矛盾让其内心陷入撕扯状态，自然也就消耗了心灵能量。所以，当我们感到疲累时，就要通过自我内省去观照内心的真实状态，了解到我们内心存在怎样的矛盾，并且产生这种矛盾的根本原因是什么，进而通过有效的途径让我们从这种内耗的状态中走出来。

张芹最近对工作感到烦恼不堪，原因是她与新来的领导合不来。每次领导指派给她任务，并给她指出具体的处理办法，而张芹则每次都会按自己的方式去处理，这让领导极为恼火，在会议中多次对她提出批评。这让有多年工作经验的张芹很是难过，几次想辞职，因薪水不菲，公司福利也不错，而且每个月要还房贷，她尽管很不开心，每天还得硬着头皮去上班，这让她痛苦极了。

张芹曾向同事抱怨："每天上班的心情就像在上坟！那份辞职报告已经在抽屉里锁了几个月，就是没有勇气交上去……每天都在痛苦中挣扎，让人疲惫不堪！"同事安慰她说，不然你向领导申请调个部门，张芹说自己好不容易在这个部门熬到现在的位置，调部门得从新人开始做起，自己更不情愿！同事又建议说，那就辞职跳槽，张芹说："现在不大可能，因为有房贷要还！"然后，同事又听她抱怨了几句，也没有什么好的建议。张芹知道，能真正解决问题的只有自己，别人根本无法消解自己内在的痛苦。

在各种心理挣扎后，张芹选择每天苦熬。她仍旧继续工作，继续与领导产生这样或那样的冲突，问题没有得到根本的解决。这个时候，张芹突然意识到，自己的工作方式不变，自己永远不可能摆脱痛苦。于是，她开始观照自己的内心，并且真实地了解到自己厌烦的根源，就在于自己的工作习惯与领导的管理风格有冲突。领导为何会这样，因为他受过往管理经验的制约，而自己又为何会那样，因为自己也受到过往经验的束缚。领导能改变自己吗？当然不能，他有管理我的权力。我呢，因为要受制于他，这在某种程度上限制了我的自由。在厘清这一点后，张芹认识到，要解决这个矛盾冲突，自己必须要改变，屈从于领导，虽然这会导致自己心里不舒服，却可以解决问题。

她清醒地认识到，自己确实离不开这份工作，既然要在领导的手下工作，就要让自己从旧有的做事习惯中逃脱出来。这个时候，她又认识到，旧有的那些行为模式也在束缚着自己，限制自己探索其他可能性的自由，同时，领导提出的做事方案的确比自己的更高效。认识到这些后，她开始有意识地观察领导的行为。张芹深知，自己无法改变对方的行为模式，也无法替他剥离他身上的老旧的管理模式，那只有让自己先获得自由。通过一段时间的敏锐观察，张芹了解到领导做事的思维逻辑，理解了他为什么要那样去做。此时，张芹的身份发生了变化，他从一个自由的旁观者的角度洞察了问题的本质，然后通过慢慢修正自己的行为，终于可以与领导和谐相处，在工作中也获得了领导的夸赞，获得了满满的成就感和幸福感。

生活中的矛盾、冲突和纠结，都是心理上的熵增，它们会在一定程度上消耗我们的心灵能量，将自己拖入疲惫的泥潭中无法自拔。这时，我们就要像张芹一样主动去观照自己的内心，去观察这个痛苦，剥离与痛苦的感受，考虑自己痛苦的根本原因是什么，通过逐一去拆解痛苦，进而消除内在矛盾和冲突，找回属于自己的内在能量，进而安心地去做更有意义的事情。

## 你所忍下的，终会向内“攻击”自己

给情绪做熵减，就是要保持内在的平和。在现实生活中，多数人觉得要保持内在平和、克制负面情绪，最重要的就是要学会忍。为了避免自己随意乱发脾气，在任何时候都保持镇定，即便内心都“炸出蘑菇云”了，面子上也该装出云淡风轻的样子。遇到委屈、不公、嘲讽甚至诋毁等，总觉得忍一忍就过去了。于是，你一味地克制自己，致使自己内心怒火翻腾不止，背负着巨大的精神负担，实际上是一种内耗行为。怒火的本质实际上是内在力量的互相对抗所产生的，这个时候最应该做的就是给这些情绪找一个出口，让它能自由地流淌起来，而不是去一味地压抑它，将它堵塞。你所忍下的怒气，会在内在不断地消耗自己，从而攻击自我，最终损害身体与心理的康健。所以，从这个角度来说，一味地“忍”，不是在给情绪做熵减，而是加剧自我情绪的熵增。

在所有人眼中，钟奕彤是个情绪稳定、脾气极好的姑娘。可是，她内心却苦不堪言。她告诉朋友说，自己的好脾气都是“忍”出来的。

室友将她的一瓶精华液打翻了，所剩无几。她没有怪对方，反而安慰她道：“东西打翻没关系，碎玻璃没割着你的手吧!”室友见她如此客气，便开始小题大做，不停地埋怨她化妆品放的位置不对。钟奕彤虽然不断地致歉，但对方还是数落了她好几天……她也只是忍而不发。

上周她花近万元报了一个会计专业的晋升班，并且到书店买了几百块的资料。可她还未来得及用，却被同样学会计的朋友拿走了，并且一分钱没给她，这让她很是窝火，几次催朋友归还，朋友却找各种理由推脱，终了，钟奕彤也只是默默地忍受着。对此，她曾向自己的闺密诉苦：“我喜欢和别人分享交流，但我却讨厌自己一味地付出，别人一味地理所当然地向自己索取，我也不知道如何是好。自小就被父母教育‘女人一定要懂得宽容，遇到不平之事要懂得忍让’，但自己的这种无休止的忍已经让自己憋出了内伤来……尤其是最近，内心已经到了崩溃的边缘，每天都活在焦虑、不安、痛苦和纠结之中……而且我很早就有胃部疾病，这可能也与自己能忍的个性密切相关!”

其实，很多人都曾有过与钟奕彤一样的经历，为了保持平和、息事宁人，遇到不公之事后一味地忍，觉得忍一忍就过去了，可内心却是倍受煎熬，最终使负面情绪转向内“攻击”自己，从而遭受身体和心灵上的双重伤害。当然，在现实中，很多人都认为忍让是可贵的，但是忍让并不意味着让你丧失原则地一味退让或者懦弱可欺，并不是面对误解、委屈甚至诽谤而无动于衷，而是为了顾全大局、着眼于未来而不得不采取的一种权宜之计。比如说韩信受胯下之辱、勾践卧薪尝胆等，是为了保全自己而不得不采用的一种权宜之计，这样的“忍”是一种智慧。但在现实生活中，那种丧失原则的屈辱之“忍”，则意味着没有人格，意味着软弱可欺。很多时候，内心不快又无力排解心中的郁闷情绪时，你总会告诫自己：“忍一忍就过去了”，殊不知，你的这种“忍”是任由怒、怨、嗔等不良因素在内心翻腾，最终不仅伤心，而且还伤身。

遇到不平之事或委屈，内心是满满的负能量，而内心的潜台词却是：生气对事情没有帮助，唯一损害的是我们的福祉和与他人的和气。于是，便开始强忍着，最终憋屈死。正如作家张德芬所说，我们身上所积压的负面情绪就是一种堵塞的能量，这种能量同样会使你迷失心智，失去理智，充满抱怨，看不到生活的阳光，甚至最终影响你的身体康健。为此，从现在开始，你觉得掌控情绪要靠“忍”，与人保持和谐要使你原则尽失，遇到不平之事，你觉得忍一忍就过去了，那这里要告诉你，掌控情绪重要的是要学会疏通，将不良情绪通过合理的方式疏通出去，一味地隐忍、压抑和排斥，最终会使你身心俱伤。

## 找回“本我”，让情绪自由流淌

给自我情绪做熵减，最重要的就是让它自由地流淌，以减少对自我的消耗。所谓情绪的自由流淌，就是不压制情绪，不去刻意忍受，而是要找回“本我”，遵从自己内心最真实的感受，让情绪随心而动。

一天，在地铁上，一位女子突然倒地情绪崩溃而大哭。她嘴里默念着自己的工作压力是如何大，几次想辞职，但迫于生活压力不得不勉强支撑……周围人见状，纷纷向她递来纸巾，却被她拒绝，还有的人蹲下来安慰她，但路人的这点温暖根本安抚不了她已经冰冻三尺的心！

还有一位外卖小哥，在机动车道上因为逆行被交警拦下。刚开始小伙子还十分地平静，他正在打电话给自己的老婆。之后不久，他便蹲在地上痛哭不已。他告诉交警，自己的生活压力实在是太大了，然后一直在道歉。此时的交警只能给他一点安慰。但此时的小哥已经哭得不成样子了。

生活中，我们周围有诸多表面平静，内心都处在情绪崩溃的边缘。这都是因为平时我们将太多负面情绪压制在内心，而不让其自由流淌的结果。要知道，情绪是一种自由流淌的能量，当我们感到痛苦时，会哭泣，当我们感到高兴时，会欢笑，这就是情绪自由流淌的结果。可是当我们被人教育，要懂得不喜形于色，要学会掌控自己的情绪，才算得上是一个成熟的人。于是，我们开始不断地压制自己的情绪，受委屈时却可以强颜欢笑，感到悲伤时也要强忍泪水，感到痛苦时，也要将它藏在心底，生怕被人知晓……久而久之，这些负面情绪在心底越积越多，其能量也越来越强，不断地消耗我们的内在能量，直到一件细小的事，都能让我们瞬间崩溃。而在生活中，那些看起来心态极为平和，时常能感受到幸福的高情商者，都懂得及时地疏解内心的负面情绪，避免其长年累月地在内心累积。那么，在现实中，我们如何去找回该属于自己的内心的愉悦感呢？

1. 还原最真实的自己

生活中，我们可能有这样的体验：小时候我们多数时候都是快乐和幸福的，因为那时候的我们最纯真。我们受伤了、感到委屈了，可以大哭一场，擦干眼泪后，心情便又畅快了起来；我们高兴了，便可以毫无顾忌地放肆大笑……那时候的我们对现实呈现出的是最真实的自己，情绪也是自由流淌的。这个时候的自己可称为“本我”。可随着我们的成长，我们离那个本我越来越远。我们被人教育要学会忍受，懂得伪装自己的内心，所以，越来越多的负面情绪就长时间地在我们内心积压，我们便变得越来越不快乐，越来越难以触摸到幸福。这个时候，就需要我们去伪存真，去找寻到曾经的“本我状态”，做最真实的自己，按照自我意愿去做选择，去勇敢地对自己不喜欢的人与事说“不”……

同时，我们还要学会卸下身份伪装，敢于撕掉贴在我们身上的各种标签。但现实中，还有许多人即便是撕掉了各种标签，也无法做真正的自己。正如蔡康永所说：“没有人能够真正地做自己，哪怕是有人做到了，他自己也不知道，因为他根本不知道什么才是最真实的自己。”的确，为了迎合社会需求，我们被迫贴上了各种各样的标签。比如说，如果现在问你是谁。大多数人都会回答，我是某某公司的项目经理；我是某某的妈妈。可实际上，这些只是你的身份，并不代表真实的你。你常常会为了更像一个妈妈，而不敢轻易在别人面前表现出幼稚的一面。为了更像一个妻子，忍受着委屈在丈夫面前表现出强大的一面，包揽所有的家务；为了更有领导力，而在下属面前永远板着脸，戴着面具……直到有一天，我们被内心积压的负面情绪压得喘不过气来，几近崩溃，这是因为我们离本我越来越远。所以，我们要时时提醒自己卸下伪装，勇敢地撕掉标签，让情绪能够在自己身上自由地流淌。

2. 允许负面情绪与自己共存

生活中，当我们面对压力或挫折的时候，我们第一时间会产生痛苦，是因为我们无法承受压力和挫折。可你越是这样，你就会变得越来越软弱，负面情绪会变得越来越强。这个时候，你可以告诉自己：“事实最大，我必须要接受事情发生的现实。”然后对自己说：“我必须允许自己痛苦，允许自己伤心。这种情绪是我生活中的一部分，我首先允许它的存在。”当你接纳这种负面情绪的时候，你会发现，负面情绪的力量变小了，被你的包容消化了。然后，再着手去用行动解决你的难题，随后，负面情绪就会变得不值一提了。

3. 学着让积极的情绪占主导

当一个人面对困难和挫折的时候，多数人的第一反应就是感到痛苦、焦虑或忧愁，很容易让自己陷入负面情绪的泥潭中无法自拔。实际上，我们完全可以通过转变自我态度，以积极的心态去面对。比如，你受到挫折而痛苦，本质上是因为恐惧，如果你能直面内心的恐惧，着手去解决问题，那么人就会变得更为积极。同时，要将负面情绪进行及时的发泄和疏通。如果按这样的思维方式去处理问题，那么就不会被负面情绪所缠绕了。

4. 每天与内在真实的“本我”进行链接

要消除负面情绪，获得内心的平静，要时时与内在的“本我”链接。生活中，我们可以通过运动来帮助我们完成。比如瑜伽、慢跑或者竞走，等等。这些运动有助于我们排遣负面情绪，让我们的身体放松，消除紧张感。如果每天还可以拿出时间来打坐冥想，那就能起到更好的效果。因为冥想是与“本我”进行交流的最直接的方法。这样便很容易找到幸福，获得内心的平静。

总之，人生似一场修行，而深陷痛苦中的我们只是芸芸众生中的一个“小我”，而“小我”中的烦恼更是微不足道。这个时候，我们的负面情绪是否能够拨开云雾，豁然开朗呢?

人们常常到处去寻找幸福，但实际上它一直都在。当你愿意从为欲望而劳役的终日忙碌中走出来，你自然就看到了它，因为它就是原本的自己。

## 内心的疲累，多源于内在的“交战”

在生活中，很多人都可能会有这样的感受：一个人不工作、不交际，在家里安静地“宅”一天后，便会感到无比疲累。这种疲累源于内在情绪的熵增，因为宅在家里，看似什么都不做，实际上我们的内心则处于撕裂和交战的状态。一方面我们会感到孤独，想与外界的人或事建立链接，这种感觉常常会被我们所忽视，但另一方面又惧怕与外界建立任何的链接，所以不断地压制着链接的渴望。这种内在撕扯的状态，这种情绪上的熵增，会使人陷入极度的疲累中。

熵增定律表达的是封闭系统因为缺少与外部环境交换“负熵”的条件而导致内部系统混乱程度的加剧。无论是个人、组织还是一个国家，乃至整个人类社会，要有开放的精神，越开放越有秩序，越封闭就会加剧混乱。对于我们个体来说，当我们关闭了与外界交流的通道，内在的情绪无法通畅流动，加剧熵增，自我消耗也是必然的。

与外界的人与事建立链接，是人类最基本的渴望，如若我们故意去压制它，内在情绪就处于压抑的状态，无法畅快流动，造成内部的情绪熵增，所以疲累感便也产生了。相反地，这个时候就要给情绪做熵减，即努力让自己投入到有意义的忙碌状态，主动去做自己喜欢做的事，与喜欢的人去交流和沟通，便会在一定程度上降低这种内耗，缓解这种疲累。

路易丝清楚地记得，在自己刚上班的时候是心潮澎湃，每天上班丝毫没有疲惫感。但是渐渐地，他每天上班重复的都是一件事情，这让他逐渐地对工作丧失了激情。最近，他对自己开始有些失望，不停地在纠结要不要辞职。就这样，在纠结中的他，连早上起床都感觉疲惫不堪，早上上班时无论是乘公交还是自己骑车，都会感到心里堵得很，极为烦躁。更为重要的是，路易丝不善交际，平时也没有什么朋友，星期天经常是在家窝着，不肯出门，每次周末过后，内心的疲惫感没有丝毫的减轻……

导致人产生疲累的多数原因在于内在心灵的撕扯感，这种撕扯感便是情绪的熵增，它会消耗我们的内在能量，比如我们在独处时产生的忧郁、纠结等，便会感到疲惫不堪。这个时候，要减轻这种内在的痛苦，最好是能主动参与到人际的链接中，比如可以主动出去交际，约好友出门聊天，将你内在的痛苦说出来或者去参与到自己喜欢的工作或事情中去。与人或事产生关系，就意味着链接的建立，这样你与自己喜欢的人或事之间就会建立一种通道，能让你的情绪在这个通道中自由流动，那种被你压制的能量就会得到释放，内心的撕扯感便会减轻，疲惫感自然也能得以缓解。

生活中，我们也都有这样的体验：当自己在做喜欢的事时，就不会轻易感到累，甚至还有可能会越做越精神。因为当你投入到事情中去，你便与事物建立了深度且积极的链接，这种链接会使你内在的情绪得以自由流动，疲惫感自然就不会产生；同理，与自己喜欢的人在一起，也可能会越来越享受，这也是因为有链接的发生，使你的情绪得以自由地流动。很多时候，生活中的疲累感常源于对自我情绪的压制，压制必产生内在的撕扯与交战，这种情绪上的熵增，是在大大地消耗我们的内在能量，疲惫感自然就产生了。那么，在现实生活中，我们该如何摆脱这种疲惫感呢？

其一，主动去做自己喜欢的事。心理学中有种幸福的状态叫“心流”，具体是指一个人在专注进行某个行为时所表现出来的心理状态。如艺术家在创作时所表现的心理状态。通常情况下，人在此状态时，不愿被打扰，也称抗拒中断，是一种将个人精神力完全投注在某种活动上的感觉。心流产生的同时会有高度的兴奋感、充实感与满足感。所以，在生活中，你要甩掉这种内心的疲累感，不妨让自己投入一项自己喜欢的事情，当你全情地投入时，你会忘了时间，甚至还会忘了自己。那么，过后你的内心便会获得满足感、幸福感和价值感。

其二，冥想。冥想是滋养身心灵的有效方法之一。西方一位有名的冥想教练列克·汉斯博士在解读冥想的奥秘时说过这样一段话：“冥，就是泯灭；想，就是你的思维，思虑。冥想就是把你要想的念头、思虑给去掉。可以说，冥想就是祛除心灵污尘，给心灵洗澡的有效方法。我们每天可以抽一点时间，以一个简单的动作开始冥想，整理我们纷乱的思绪，暂时忘却工作，忘掉烦恼，让自己进入一种全新的忘我的境界之中。”可见，冥想就是调整内心的节奏、祛除烦恼，达到一种忘却当下的“无为”境界的一种方法。你可以通过静静地重复呼吸，调整身体的节奏，通过调整身体来调整心的节奏，然后让心的波动飞向那静寂的世界，飞向那广阔无垠的世界，展翅翱翔，这便是冥想的本质。所以，在生活中，当我们陷入疲累状态时，可以花 10 分钟到 30 分钟去静坐，将注意力集中到一次呼吸、一个词语或者是一个形象上面，你就可以训练自己将注意力集中到当下的时刻。通过一些简单的动作练习，可以使人告别种种不快，帮助我们平衡负面情绪，重新掌握生活。与传统的瑜伽作用比起来，冥想不仅可以有效地锻炼身体，更重要的是它可以平衡人的情绪，从而达到真正意义上的“修心养性”。

## 专注自我，别让你的能量被外界分散掉

生活中，使我们陷入疲累的往往是琐事，这些琐事很容易分散掉我们的精力，致使我们的内在情绪呈现熵增，难以专注，这也是内耗的一种。将全身所有的能量集中于一个点上，才能发挥强大的威力将对手击倒，这是中国功夫的精髓所在。同样的，我们要想创造出更高秩序的事物，即将一件事做到极致，也需要集中自我的能量。

生活中，我们的内在之所以会处于混乱状态，多数情况下，都是内在的力量太过涣散造成的，这也是导致我们劳累、疲惫、痛苦、烦恼与不快的主要原因。比如，你是否总是在意别人对你的评价？会不会因为别人的一句无心的话而打乱自己的生活节奏？是不是很容易受外在环境的影响，比如工作、居住和生活环境等？你的精力很容易因为外界的事或物而被分散。比如，你满怀欣喜地穿着一件漂亮的衣服去上班，但刚走进办公室，便听到有同事说，这衣服跟你的气质或肤色毫不搭调，于是你开始郁闷至极，整整一天，你都无法打起精神应付工作，并且越来越觉得自己因为穿错了衣服而变成了小丑……这其实并不是你所希望的结果，但我们却会轻易因为他人的一些言论而改变自己的内在的精神状态，分散自己的精力，致使自己做事不在状态，这种情况还常常出现在工作中。当你面对一脸严肃的老板时，自己不知不觉间便会觉得压力倍增，连本想好要说的话，出

口便变得结结巴巴，因为你看到对方皱起的眉头会担心，我的工作是不是出了什么大问题，我刚才是不是说错什么话了？

有些时候，你很想好好地开展一项工作，却又担心同事会用异样的眼光看你。或是在做某件事情之前，你总是左顾右盼，担心不合老板的意思。最后，不仅没有将工作做好，还让自己整天生活在极为压抑的内耗状态中。

卢珊是一名都市白领，在与丈夫结婚后积攒了几年的工资买了一套二居室的房子。房子是他们精挑细选后定下来的，两人住进去后感觉十分舒适而且方便，心中开心极了，那段时间，卢珊的脸上总是挂着幸福的微笑。

但是没过多久，卢珊的一位同事也买了一套房。装修好后，朋友打电话让卢珊到家里参观。朋友的房子地段好，而且房子面积还很大，里面的装修也很高档。卢珊从朋友家里回来后，脸上再也没有笑容了。她原本的好心情已经被朋友的“更好”的房子击垮了。

当你的思想或情绪受外界所影响时，说明你内在力量处于极为涣散的状态，你内在的定力不够。就像卢珊一样，她本来沉浸于自己的小幸福中，但是因为看到朋友有比自己更好的房子后，心中所有的快乐和幸福便消失了。而如果她只专注于内在的话，比如她如果想到自己的房子是自己付出了诸多的艰辛换来的，它是自己努力的见证，对自己有着特殊的意义，跟任何的房子都不同，那么，她也就不会因为别人的言行或“更好的房子”而郁闷了！也就是说，当外界对你施加影响的时候，你要懂得去审视自己的内在，而不是被别人牵着鼻子走。比如，你刚到一家新公司，发现部门的同事工作起来都不那么认真，而你却想好好地干，并且很想受到领导的重视。于是，面对问题，你总是能冲在最前面，在会议上，你也总能够积极发言，对工作提出有价值的意见。这时，你周围的同事可能会说：“新来的菜鸟，拼命地在领导面前表现，难道是想尽快地爬到我们头上去？”这种风凉话一出口，如果你是个内在定力不足的人，那么你可能也就无法专注于工作了。这时，我们就要懂得给自我内在情绪做熵减，竭力地摒弃这些外在因素的干扰，将全部的精力放在工作中，毕竟提升工作能力、为公司不断创造价值才是自己未来得以生存和发展的基础。

你可能会说：“完全不顾及外在的声音而专注于内在的自己，真的很难做到。毕竟那些声音总是出现在耳边。”但是你需要知道，改变自己的过程，是需要勇气和耐心的。如果你可以坚持下去，那么你的内在将会变得异常强大，最终你也会变成真正独立的、全新的自己，你完全可以任意地自由支配自己的意愿，跟随自己内心的真实想法做到“知行合一”。否则，你也可能在别人的“眼光”中沦为平庸者，或者一败涂地。就像赛跑一样，如果你总是关注其他队员的情况，你是极难获胜的，只有沉浸在自己所营造的“氛围”中，注意平衡节奏，才有可能冲在最前头。

## 降低内耗，做个“精力达人”

专注于自我、避免外在因素对自己的干扰，避免内耗，就是给情绪做熵减。生活中，那些身上挂着所谓“精力达人”“高效精英”“工作红旗手”之类的隐形牌匾的人，都具有良好的情绪掌握力。他们不会将自己的精力浪费在无关紧要的事情上面，在任何情况下，都会主动避免干扰，以百倍的专注力去达成既定的目标或完成既定的工作。

在工作的五六年时间里，刘寅在单位被人称为“精力收纳狂”。在他离开第一家公司时，老板曾对他三度挽留；与第二家公司分道扬镳后，经理用三个人填补他原先的岗位空缺；在当下的单位中，他也被同事称为“高效达人”。

除顺利地完成当天的工作任务外，刘寅每周都会保证自己阅读3~4本书，大部分工作日下班后就直接奔菜市场买菜、做饭；他想健身，因为没时间去健身房，所以就在家里置办了跑步机、健腹机等健身器材，可以节省更多的时间来锻炼。尽管每天都会加班，但是他还是会抽出时间去博物馆当志愿者。很多同事曾问他精力为何总是那么好，刘寅则说：“人都是有惰性的，我们的精力多数时候都是在不经意间被浪费和消耗掉的。所以，我必须给自己的时间做诸多的预设，比如在上班时间，我会把淘宝网页设置成受限站点，上班时间不要网购；在做需要注意力高度集中的重要任务时，我会把手机都调成飞行模式；路过茶水间的“妈妈帮”“相亲团”聚众闲聊时，我绝不逗留；业余时间做自己喜欢做的事，累积的正能量是他度过一切苦厄的硬通货。”

事实上，对自我行为的有效管理，也使刘寅收获了美好的未来：他的工作因为做得出色，于是接连受到了领导的表扬，职位也是连连升迁；因为勤于锻炼，每年的体检报告都会得到医生的连连称赞；志愿者的经历，也让他收获了极佳的人缘，同时也让他收获了十足的幸福感。

一个专注自我的人，会避免因贪图一时的舒服而置自己于长久的痛苦中。他们通过时间管理，提升自我情商而不断地给自我情绪做熵减，让自己始终保持良好的状态，最终收获美好的结局。

实际上，对于我们个体来说，真正重要的从来不是努力做什么，而是沉下心来，避免干扰，去做好一件事。要知道，一个人一生的时间和精力都是有限的，专注，有时候比努力重要一百倍。这就要求我们有持续为自我情绪做熵减的能力。

生活中，我们总是感慨他人所取得的成就、头衔、名目，而一心想要追逐，幻想着有朝一日也如他般耀眼夺目。而其实，鱼与熊掌不可兼得。你想要的越多，失去的也会越多。一辈子能做的事本身就不多，我们千万不要因为情绪的熵增而浪费掉自己的精力。

其实，那些不凡者，之所以能够成就大事业，主要就是依靠一种乐观且稳定的情绪定力。

“坚持”“稳定情绪”“认准就去做”等，这些都是在以逆势做功的方式给自我内在做熵减，而正是这些品质造就了人生的不凡。

个人能否取得巨大的成就，其中一个最为重要的因素就是能否保持镇定、集中精神，让大脑时刻处于井然有序的状态，即便是面临再大的危机也是如此，其实这就是所谓的“情商”。从小的角度来说，这种精神状态可以使你最大限度地发挥你的能力，帮助你解决眼前的困难和问题；从大的角度来说，良好且稳定的精神状态能帮你找到人生轨迹，使你全身心地专注于你的事业，进行探索和研究，所以，如果你想成为一个不凡者，就要懂得时时给自我情绪做熵减，避免不必要的外界干扰。

## 尽可能地去体验痛苦

从本质上说，人生的熵增，多数都是因为我们不肯去主动体验痛苦所带来的。要知道，避苦趋乐是人的本来属性，但凡能使我们感到舒服和快乐的，都会加剧人生的熵增。所以，要对抗熵增，我们就要尽可能地学会去体验痛苦。比如相对于出去工作，我们更愿意躺在床上。虽然出去工作固然能给人带来一时的痛苦，但能使人生找寻到意义感和价值感，是我们获得幸福的重要源泉。

柳阳曾经一度认为自己是个行动力极为薄弱的人。在经历了两次的创业失败后，更使他深深地意识到这个问题的严重性。很长一段时间，柳阳曾想改变自己，觉得自己不能这样颓废下去，要重新振作起来，可这是在自己痛苦和焦虑的时候这样想。而在平日无事时，就会将其搁置一边，依然得过且过地混日子。但每一次看到周围的人做出成就了，便会义愤填膺地告诉自己：接下来，自己一定要改变。但是如今已经过去两年了，他却仍旧没有真正地尝试让自己重新开始。生活中遇到一点困难，就垂头丧气，责怪自己运气不佳。

直到今天，柳阳仍旧深刻地觉得：运气不佳。但他也清楚，更多的时候，这只是为自己的选择找的逃避痛苦的借口。让自己心安理得地接纳颓废和不求上进的自己，也接纳自己当下解决不了问题的“事实”，是柳阳开始振奋的第一步。他突然觉得，自己再这样下去，一定会给自己的人生带来“灾难”。于是，他开始给自己制定目标，制订人生规划，开始每天坚持学习。自此之后，柳阳领悟到了一个道理：路是人走出来的，饭也是一口一口吃的。任何一件事情，要做好必须要遵循这三点法则：花时间、花精力和花心思。否则是不可能做好的，也是达不到既定目标的。生活中，很多人没有遵循以上三点法则去解决学习、社交、心理等诸方面的问题，是因为他们的态度存在问题。

柳阳对改变自身表现出来的迟疑在于其总是回避痛苦，虽然他知道从长远来看，一味地消沉、颓废只会给自己带来更大的痛苦，但相比于改变带来的暂时痛苦，他们更愿意沉浸于眼前的享乐和舒服。所以，对于柳阳来说，要改变，必须要让自己立即行动起来，去尽可能地体验痛苦，去延迟自我满足感。

的确，在生活中，我们经常会见到一种类似的场景：“对不起，我搞不清楚是怎么一回事，我解决不了。”或者说：“这根本不关我的事!”或“我现在正在忙其他的事，这事以后再说!”等等。实际上，在现实生活中，那些不懂得延迟满足感的人，对待问题，一般都会呈现出类似于这样的消极态度。他们总是想着尽快脱身，让自己安定下来，好让自己快速地脱离那种痛苦的感受，不愿意过多纠缠其中。面对难题或问题，他们一般会呈现以下几种消极的心态。第一，缺乏耐心，想着要马上去解决难题或问题；第二，希望问题能够自行地消失；第三，为逃避问题而去找各种理由或借口。实际上，任何问题都不会因为你的回避而自行消失，你不去解决它，它仍然在那里，仍旧妨碍着你的心灵成长与心智成熟。所以，对于大多数人而言，真正需要解决的是，解决掉“忽视问题”这一问题，才能够继续解决掉其他的人生问题。要知道，之所以你在人生道路上会裹足不前，就是因为无法跨越困境。你必须要埋头处理好当下，才可以真正地希冀未来。即便是你再急功近利，再慌乱不堪，明天也不会先于今天提前到来。

当然，要把握好当下，努力地想方设法直面问题，然后找到解决问题的时机，才可以继续前行。当问题降临时，最好的做法就是及早面对，将你的满足感向后延迟，放弃暂时的安逸状态，去尽可能地体验痛苦，给人生做熵减，这才是极为正确且明智的方法。

人生的成就，很多时候靠的是智慧和耐性。智慧指的是个人的认知能力，而耐性则指的是延迟满足感的能力。智慧能让你知道你所坚持的事情需要经历哪几个阶段，周期有多长。而耐性就是等待这个时间的到来，这考验的就是你的延迟满足感能力的强弱。古语说，事非经过不知难。其实这个难，就是误判了事情的进行周期。所以老子说，天下大事必作于细，天下难事必作于易。前一句，是在知道事情漫长周期的情形下，不紧不慢地先打造好自己的核心价值，维护好你在大众眼中的认可点。后一句，其实就是耐心地等待事业这株树开花结果。这期间需要的是温和与淡定，而不是什么惊人的能力。

## 痛苦不会消失，你要做的是接纳它

从心理学的角度来说，给人生熵减的过程，就是延迟自我满足感的过程。实际上也是个体体验当前问题所带来的痛苦的过程。只有你敢于直面眼前的痛苦，才能立即让自己行动起来，给人生持续地做功。当然，这也是促进自我心灵成长与心智成熟的过程。

事实上，你要体验这种痛苦，行之有效的首要方法就是先去接纳这种痛苦，而不是以抗拒的方法去回避或逃避这种痛苦。比如，你遇到一件棘手的难事或者沉陷某种负面情绪产生内耗的时候，如果你急于去否认，去抗拒它们，那我们的内在就会处于一种消耗的状态中，这使我们无法安静下来去将那个棘手的难事想办法解决掉或者让自己从负面情绪的状态中摆脱出来。在生活中，我们大家可能都有过失眠的经历。在失眠的时候，我们发现晚上躺在床上睡不着，可能第二天有一些重要的工作或者活动需要早起，这个时候我们就会开始着急，开始启动一系列的策略让自己不要失眠，比如说有的人会听一些放松的音乐，或者换很多种姿势让自己更舒服，但最终发现这些方法可能起不到什么作用。怎样才能真正摆脱失眠的状态顺利入眠呢？当我们开始放弃抗拒和挣扎，“不努力睡着了，我也不换姿势了，爱怎么样就怎么样吧”，当你开始接纳你当下失眠的状态的时候，一会儿，你自然也就睡着了。

类似的，我们在生活中可能还遇到过类似于刘晓的经历：

刘晓自小就是个小胖子，这与她平时爱吃零食有极大的关系。今年刚毕业的她，看到镜子中浑圆的体态，再看看体重秤上超标的数字，她决定减肥。于是，她给自己制订了严格的运动计划，同时还搭配健康的饮食方法。接下来，她开始执行，并且在执行的过程中，每天都会称体重。对于刘晓来说，体重是极为重要的，只有达到理想的效果，才能够让自己满意。但是，她坚持了一周，发现秤上的体重数字丝毫没有减少。这让她感到极为沮丧。也就是在不断的沮丧和失望中，她的失控感甚至厌恶感开始强烈起来。当她情绪低落时，对自己开始极度地厌恶，然后就陷入一种暴饮暴食的状态，接着就换来体重的继续上升。

对于刘晓来说，她在决定改变前，首先要做的就是接纳，先要接纳自己体重的真实状态，接纳减重带来的各种痛苦经历，接纳即便是经过努力体重仍没能下降的事实，等等。当她开始从内心接受这些已经发生或即将发生的事实，那么，她的减肥之路就会变得简单，而不是在与“自我”的不断对抗与自我消耗中，陷入暴饮暴食的糟糕状态中，任由体重继续飙升。

给人生做熵减，你需要面对和忍受眼前的不快甚至痛苦，而要让这一过程获得良好的结果而不呈现出半途而废的情况，那我们就要先去承认和接纳这种痛苦。这里的接纳意味着我们愿意承认和看清人、事、物原本的样貌与事实，这能帮助我们，无论发生什么样的事情，我们都能够看清所发生的状况，看清它原本的样子，这样不会因为我们自己的评价、欲望、恐惧或者偏见，将它们真实的样子屏蔽掉，这样我们才能够采取更适合当下的行动和决策。

真正的接纳是我们内心的一种承认和拥抱，而不是嘴上说说那么简单。比如，你在写作的时候，遇到了卡壳现象，觉得自己的逻辑处于混乱的状态。这个时候，我们会感到不快甚至痛苦。而接纳它，就意味着你要从内心承认：好吧，“卡壳”这件事确实已经发生了，这并非我单个人的体验，可能是每个写作者都会遇到的情况。当你从内心承认和接纳它的存在后，才会对此难题做出有效解决策略。比如，我就会开始反思，遇到这种情况的根本原因是自己的知识储备不够，还是没把问题的逻辑关系想清楚就落笔……如此一来，你就不会因为遇到困难而草草将文章写完应付了事，更不会因为困难所带来的不快而中途放弃了。

在生活中，很多人会走入一个误区，就是假装接纳，这是一种很常见的现象，也是一种自然的反应。比如说当我们失眠的时候，我们知道，一旦我们接纳失眠的事实，就会放松心情，我们可能马上就会睡着。如果假装接纳自己失眠了，就会在那里说“我接纳我现在失眠，我接纳我现在失眠……”这会使自己变得越来越烦躁，然后就会难以进入睡眠的状态。再比如，一位心理咨询师，面对一个咄咄逼人的充满负面情绪的人，他的内在状态也很容易会被激怒，这个时候，他会对自己说“我不能生气，我没有生气，他是个病人，我不应该生气，我不能生气”，这就是一个硬让自己接纳的状态，就是假装接纳。面对此，真正的接纳就是，承认你面前的这个“病人”拥有大量的无处宣泄的负面情绪，而他们这些负面情绪的产生与你毫无关联，你自己只是一个倾听者，无论对方说些什么话，你的任务是找出这位“病人”产生负面情绪的根本原因，然后才能为对方做出科学可行的心理治疗方案。这个时候，才能完成身为心理咨询师的你的职责，才不会因为与“病人”发生冲突而中途放弃对其治疗，才不会有损你作为心理咨询师的职业素养。

## 但凡被你接纳的，都会变得柔软

人生是由一系列的“难题”组成的。而生活中我们诸多的负面情绪、心理内耗等，都是这些突如其来的难题所带来的。生活中，我们很多人面对难题的第一反应就是想尽快脱身，尽快缩短自己与问题接触的时间，而不愿花时间去应对那种不舒服的感觉，不愿意冷静地分析问题。虽然解决问题能带给我们足够的满足感，而我们却根本不想去延迟这种满足感，哪怕是一两分钟也不行，最终我们却没有从问题得到任何有效的经验，致使我们的情绪呈现出熵增，经常陷入混乱的、被负面情绪缠绕的状态。这时，我们的第一反应就是想从这种糟糕的状态中挣扎着逃出来。所以，我们就借由很多的逃避策略不去面对它，而是去压抑它、否定它和排斥它，最终只会加剧情绪的熵增，即在负面情绪的泥潭里越陷越深，无法自拔，最终也对解决问题毫无益处。实际上，这个时候，我们要给自我情绪做熵减，最应该做的就是敞开胸怀来接纳它，然后沉下心来让自己冷静地找到解决问题的方法。

请记住“凡是你所抗拒的，都会持续”。因为当你抗拒某件事或者是某种情绪时，你的全身心就会聚焦在那种情绪或事件上面，这样你就赋予了它更多的能量，反而使它变得更为强大了。这种负面情绪就像黑暗一般，要驱散它，就要引进光亮。光出现了，黑暗自然就会消融，这是不变的定律。而喜悦则是消融负面情绪最好的光亮。当然，这里的喜悦并不等同于快乐，快乐是需要外在条件的，而喜悦则是心灵滋生出的一种正能量。“喜悦”的初步反应就是接纳，即接受你受负面情绪困扰的事实，然后发现它们存在的“珍贵”之处，再将它们变成自己人生的一种“宝贵”体验。当你慢慢地体验到这样一个过程时，你就会发现，原本使你厌恶和抗拒的、顽固的坏情绪或坏事情，竟然变成了一种“温柔”的体验，甚至可以去滋养你的生命。

晓琳是一家外企公司的总经理，虽然过着优渥的生活，却常与丈夫因为家庭琐事而烦恼。丈夫回家从不主动换鞋，臭袜子扔得到处都是，最让她反感的是，丈夫回家什么家务都不做，玩游戏到深夜，为此两人常常吵架，她每天都苦恼极了。

有一天，她向自己的密友诉苦，密友告诉她说，如果你真的想让丈夫改变，那就照着我说的去做。每天晚上当丈夫在玩游戏的时候，你中途给他送一盘水果，他吃不吃不用管。你在 22：30 睡觉前给丈夫再送一次宵夜。别的你什么都不用说，也不用做，就由着他玩到深夜好了。当你看到丈夫乱扔臭袜子想发脾气的时候，你要安慰自己：“你如果能保持镇定，丈夫会对你心存感激的。”你要不断地告诫自己：这件事本身没什么大不了的，你的“小题大做”式的灾难性的争吵只会让双方的感情越来越糟糕，这样根本解决不了问题——让自己平静下来。你连续做一个月再说。

一个月后，晓琳再找到那位密友后，眼神变得温暖了许多，不像原来那么冷冰冰的。她倾诉了这一个月所经历的：她送的水果和宵夜丈夫根本不吃，饿了宁肯吃泡面也不吃她做的宵夜，不知从哪天起，竟然发现丈夫将她做的宵夜都吃了，睡觉时间比以前也提早了。

接下来的一个月，晓琳再次按照密友的话去做了，她下班回到家，告诉老公：你是我生命中最重要的人，我很爱你，我愿意为你提供更为广阔的空间，让你成为你最想成为的自己，你喜欢玩游戏你就去玩，你喜欢干什么，就随着你的性子去干吧，但无论如何，我都爱你。以前我总是那么粗暴地对待你，真的对不起。

一周后，晓琳便打电话告诉自己的密友道：她之前为之耿耿于怀的坏毛病，老公全都改了。每天晚上回到家里竟然还主动下厨做饭做家务……

和老公的关系似乎又回到了刚结婚的时候。

所有的人与事以及负面情绪都是如此，当你试着去接纳它的时候，它就会变得柔软起来；而你与其对抗的时候，它就会变得越发强硬。所以，当内耗袭来，即被负面情绪缠绕时，我们应该像晓琳一般，一方面学着与自己内在的“小孩”对话，去温柔地对待它，与其达成和解。遇到与之对抗的人，首先学着去接纳，然后温柔地对待他，进而去谅解对方，最终达成与自我的和解，从而实现情绪的熵减。

被负面情绪所困扰，忧伤、痛苦、抑郁说来就来，很多时候我们无法抗拒。要消除它，最有效的方法就是臣服和接纳。臣服即为放低自己的身价，以空杯的心态去面对它，接受一切。心理学家指出，每个人都有被爱的需求，当获得的爱不够，坏情绪便随之而来，这个时候你可以默默地对着心中的坏情绪说：我看到你了，你是我生命中的一部分，我接受你，接纳你，我愿意给你更为广阔的空间，谢谢你，我爱你。当你这样说时，坏情绪就会像个调皮的娃娃，被看见、理解和接纳，它便会变得柔软，进而慢慢地消失了。

当你学会接纳由难题本身带来的痛苦、沮丧等坏情绪时，便也意味着你的延迟满足感的能力得到了加强，你就会真正地冷静下来，让自己耐下心来去着手想出办法或策略去解决难题了。

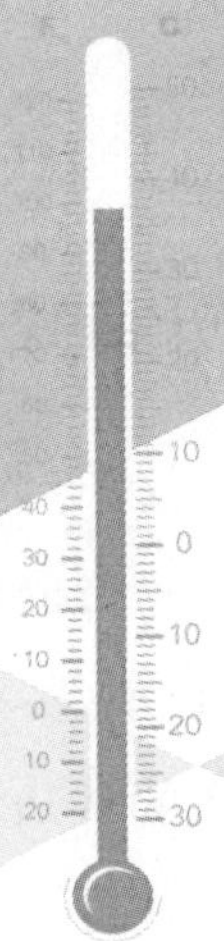

# 第五章

# 知行合一：用切实的行动给人生做熵减

高层次的人，都持续处于熵减状态；高质量的生活，必须要用切实的行动降低熵值。那么，在现实生活中，我们该如何用实际的行动去给人生做熵减呢？实际上，熵减的过程也是创造价值或是实现自我增值的过程，那么，在生活中，我们要具体如何去做，才能实现人生的熵减呢？本章列举了一系列切实可行的方法，能让我们在提升自我认知的基础上，用切实和具体的行动去降低人生的熵值。

## 尽可能地敞开自我，与人交流

提升个人认知，降低信息熵，一方面可以通过自我学习，另一方面就是突破封闭的自我，积极地参与社交，尽可能地与人交流。心理学中有一个概念叫作乔哈里窗理论，它把人的认知为四个区域，通过四个区域可以更为清晰地认知我们自己的本质，让自己稳定快速地成长。(如下图所示)

| | | 自己 | |
|---|---|---|---|
| | | 知道 | 不知道 |
| 别人 | 知道 | 开放我（开放区） | 盲目我（盲目区） |
| | 不知道 | 隐藏我（隐藏区） | 未知我（未知区） |

第一个区域叫作开放区，也叫公共区，即自己与他人都知道的部分。这里面包括我们的形体、容貌、职业、性别、特长、成就等。这部分是自我认知的基础部门，也是与人交流沟通的重要展示区，扩大这部分区域就能增加与环境的接触面，使自己与他人的接触更为通畅广泛。第二个区域叫作盲目区，这是自己所不知道而他人知道的部分。比如自己很快忘记而被别人记住的承诺，还有不经意表露出来的急躁或不耐烦的神色，就像牙缝里的菜叶，这往往要经过他人反馈才能知道，这便体现出开放区的重要性，没有与人交流的广度和深度就可能无法及时得到来自外界的反馈。第三部分叫作隐藏区，也叫隐私区。这里有我们所不愿意展示出来的只有自己知道而别人不知道的部分。如往事、痛苦、尴尬、疾病、欲望等，每个人都有藏在自己内心不愿示人的隐私，但这个区域可大可小，根据人的不同性格、取向、爱好而不同，这个区域与开放区成反比，此消彼长。缩小

隐藏区，扩大开放区，能让我们更好地融入环境与人进行协作，并在协作的过程中提升自我认知。第四部分为未知区，这部分是自己和他人都不知道的区域，这里有潜力和潜意识等尚未开发的需要有意识去挖掘的部分，是我们未来发展和成长的最大资源，这需要在学习和行动中逐渐觉悟。

增加与外界的交流进而得到积极的反馈，是认识自己极为重要的方法，通过学习和思考去努力缩小盲目区、隐藏区和未知区，反过来在最大化开放区的同时进一步缩小后三个区域，环环相扣，良性循环，从自己与他人的关系中、自己与同事的关系中、自己与自己的关系中认清自己，影响自己，改变自己，降低信息熵，逐渐成为那个期待中的理想的自己。

同时，从心理学的角度来说，与他人交流、建立链接是最基本的心理需求。对此，心理学家武志红说："人作为一个能量体，必须也只能从个人出发去伸展自己的能量。而与人产生链接，是伸展自我能量的重要方式之一。"这也意味着，要让自我的能量触角向更为广泛的领域拓展，就要积极与他人建立链接。因为人生多数的机会，都是从交际中获得的。

被称为"美国杂志界奇才"的埃德沃·波克，小时候却是一个名副其实的"苦孩子"。6岁时，他就跟着家中长辈移民到了美国。他从小在美国的贫民窟长大，一生中仅上过六年学。13岁时，他就辍学到一家电信公司工作。

自小窘迫的生存环境，让埃德沃·波克极为自卑、胆小，从不敢与陌生人多说一句话。但是埃德沃·波克并没有放弃学习，他一直在工作之余努力坚持自修。更不可思议的是，小小年纪的波克，竟然非常"早熟"地懂得了人际交往的重要性。所以，他开始学着克服自己自卑、胆小的个性，开始不断地提升自己的社交能力。在电信公司工作的他，每每见人便面露喜色，礼貌地过去与人交谈。慢慢地，他终于战胜了自己，与诸多客户建立了极为亲密的联系。

之后，波克想出了一个独特的社交模式。首先，他买了一套《全美名流人物传记大成》。接着，他做出了一个让任何人都意想不到的举动：直接写信给书中的人物，询问书中未被记载的名人童年及往事。比如，他曾写信给当时的总统候选人哥菲德将军，将军是否真的在拖船上工作过。他又写信给格兰特将军，问他有关南北战争的事。

那时候的小波克年仅16岁，周薪只有6元2角5分——就是用这种方法他结识了美国当时最有名望的诗人、哲学家、作家、大商贾、军政要员等。那些名人也都乐意接见这位可爱的、充满好奇心的波兰小难民。

因此小波克获得了多位名人的接见，他决定利用这些非同寻常的关系，改变自己的命运。接下来，他开始努力学习写作技巧，然后向上流社会的名流们毛遂自荐，替他们写传记。不久之后，他便收到了像雪片一样的订单，以至于他需要雇用6名助手帮他写简历——这时的波克还不到20岁。

很快，这个擅长交际的年轻人就被《家庭妇女杂志》邀请任职编辑，并且一做就是30年。而波克也利用他自己善于与人沟通的特长，将这份杂志办成了全美最畅销的杂志之一。

通过学习克服自我弱点，主动出击与人产生链接，进而在交流中不断地提升自我认知、格局和眼界，同时也在交流中找寻属于自己的人生机会，是波克改变自我命运的秘诀。所以，生活中，我们要降低信息熵，就要多多地参与社交，敞开心扉与人交流。

当然，在社交过程中也要懂得取舍，尽可能地拒绝毫无意义的聚会，没目的的聊天，让人短暂麻木而后空虚的各种低俗娱乐节目等。总之，给人生做熵减，就需要多多储存积极的能量，来抵御生活中的种种诱惑。

## 跳出舒适区，去对抗人生的熵增

故步自封，逃避挑战，是人性的基本特征之一，因为它符合熵增定律。在人生旅途中，一切符合熵增的，都会显得非常容易和舒适，比如一个人总是待在舒适区，会让人感到自在和放松，没有压力，无须努力。若一个人长时间在舒适区中，就会陷入“温水煮青蛙”之类的困境，人生也便开始不断地熵增，直到最终被社会淘汰。而一旦你离开舒适圈，我们就会感到紧张、不安、焦虑甚至痛苦，而这些负面情绪会逼着你去努力，去做功来对抗熵增。所以说，但凡对抗熵增的行为，都会让人感到不适，甚至焦虑、痛苦等。可以说，舒适圈是熵增的，我们在任何时候都不能松懈。一旦你减少了能量的投入，个人的熵增就会立即回来。这也要求我们一定要懂得跳出舒适圈，不断地去做一些能促进自我成长的事情，以应对人生的熵增。

晓枫是个长相普通的女孩，在一所普通大学毕业后找了一份文员的工作，收入不算高，但她还算满意。工作半年后，她交了一个男友，日子过得平淡而舒适。在此之前，她从未想过要改变现状，觉得自己能力平平，也只能做文员的工作。可没过多久，她的男友就对她提出了分手，同时单位也因为经营困难，将她列入了裁员的名单中……当时的晓枫痛苦极了，陷入极大的自卑情绪中，她向周围的朋友诉苦，说自己长得不好看，能力也不强，特别没有安全感。朋友见此，便鼓励她说，你要勇敢地跳出舒适圈，通过学习让自己成长起来才是。后来，她听从了朋友的建议，开始找了一份餐馆的工作，并在打工的过程中努力学习会计，从零开始的她曾遇到很多困难，但还是咬牙坚持了下来，并且还考取了会计师资格证。两年过去了，充实的生活也让晓枫开始变得自信起来，并且又找了一份不错的工作，每天都充满了笑容，人际交往也更为广泛了……

敢于打破舒适区，敢于在不断地突破和卓越中，激发出生命的活力，就是在为人生做熵减。面对生活困境或舒适区，你可以选择懒惰、懈怠，任由生命在庸庸碌碌、混乱不堪中被淘汰，也可以选择勇敢、勤奋，让自己永远保持活力。这个时代的高手不再是默默无闻埋头努力的人，而是那些不可替代的有创造力的人，能始终保持活力的人。所以，那些总是在舒适区中处于“温水煮青蛙”状态之中的人，终究会被这个时代所淘汰，不过是时间问题。

另外，主动跳出舒适区，尝试在全新的领域去开拓，就是与自己的惰性作斗争，直接去面对和承担痛苦，然后最终享受更大的满足感。这就是延迟满足的能力。而一个人如果总是愿意待在“舒适区”，就是延迟满足能力的缺乏，他们不愿意直面“挑战”带来的痛苦。然而，人就是要通过各种挑战，通过一次次地承受痛苦心智才能变得更为成熟，才能变得更为强大和有力量。所以，生活中，当我们在舒适区沉浸久了，就一定要从中跳出来，去尝试做一些有挑战性的事情，最终成就更好的自己。

当然，要跳出舒适区不是一件容易的事情。你可以从以下几个方面去尝试。

1. 多结交比自己能力强的人

这样的人往往充满正能量，他们的处事方式、思维方式一定是与众不同的，有值得我们学习的地方。当你与他们在一起的时间久了，耳濡目染，你的思维方式也是会发生改变的。比如，你可能会不甘于现状，会去尝试做一些自己从来不敢想也不敢做的事情。

2. 给自己定目标

跳出舒适圈，最重要的就是要明白自己想成为什么样的人，在这条路上需要克服哪些困难。你想成为一个社交高手，那你必须要强迫自己克服胆怯，主动去和别人聊天；如果你想成为一个管理者，你就必须克服自己的惰性，主动去聆听大师们的分享，哪怕是几分钟。

当你明确自己的方向后，你还需要明白成为这样的人需要克服哪些困难，然后努力去挑战它们，从而来抵抗人生的熵增。

3. 主动思考

我们所有的行动都靠我们的大脑来指挥，当我们生活中的好多习惯都已经在自己的大脑中形成一个固定思维，比如起床、刷牙、吃饭，学习、工作，我们做一些事情的时候都是在靠默认的思维系统来工作，所以，你要勇于思考，敢于问自己，真要这么机械般地活着了吗？如此，你的不甘平庸的心有可能便会被激发，从而去尝试做一些具有挑战性的事情，如此这样，你就有可能会跳出自己当下的舒适区。

4. 一步一步来，慢就是快

任何改变都不可能是一蹴而就的，需要一个缓慢的过程。常常跑步的人都知道，体能训练需要一步一步来，你平常跑 800 米，如果突然让你跑 10000 米，那肯定吃不消。反而会因为半途而废，而让自己备受打击。所以在明确自己的方向和困难之后，再给自己制定详尽的执行目标，然后一步步地达成目标。

5. 每天尝试去做一些事情，将目标坚持下去

每天可以去尝试做一些舒适圈之外的事情。比如你喜欢写作，那就每天尝试去写一些文字，哪怕是一句话也好，不需要很深刻，将今天的事情说清楚就行；你喜欢读书，那就尝试每天半小时读一章节等。多多尝试这种看似不起眼的小事，你会发现自己的生活开始变得充实起来，而不断地尝试就是我们走出舒适圈的过程，也是熵减的过程。

## 努力改掉拖累你的那些“坏习惯”

在生活中，我们可能有这样的感受：你内心很想改变自己，但沉浸于当下颓废的状态中越来越消沉；你想出去运动，但就是躺在家里迟迟不愿行动，以至于越躺越懒……我们之所以对这种低品质的生活极度迷恋，一旦沉浸于一些“坏习惯”中便无力挣脱，是因为它符合熵增定律。而追求高品质的人生，持续性地做功可以改掉坏习惯。

俞敏洪说过，一个人的贫困意味着其对低品质生活的过度沉迷，并且沉浸其中无力挣脱。这句话告诉我们，一个在心理和精神上的“贫困”者，在物质上是难以富有的。而心理和精神上的“贫困”者，多数情况下，追求的只是即时满足式的低品质的生活并已经形成了一种习惯。诺贝尔经济学奖得主阿比吉特·班纳吉经过长时间的研究发现一个现象，那些长时间生活在贫民窟中的人，都有一个共同特点：他们一有多余的钱就去买好吃的；就算吃不饱饭也要买电视；他们的孩子即便上了学，也不爱学习；他们吃东西着重口味，而从不关注自己的健康，却会在买药看病上倾家荡产……这些都告诉我们，这些人都是只顾获得眼下的满足感而不考虑自身的长远利益。对此，班纳吉曾说，低品质的人生，不仅生活本身缺乏安全保障，而且受困于生活现状，不断地为低品质的生活习惯而付费，不懂得给人生做熵减。而生活中的一些强者，他们之所以能不断地摆脱生存困境，获得财富，主要是因为他们有对高品质生活的追求，他们通过不断地持续性的自律，不断地给人生做熵减，从而养成了高品质的生活习惯。再加上他们目标高远、眼界开阔，在对孩子的教育上，也鼓励孩子自己奋斗，成为一个高品质生活的追求者。所以，从这个角度来说，一个人要想摆脱贫弱的状态，就首先要行动起来，改掉那些使人生不断熵增的“坏习惯”。

英国著名小说家乔治·奥威尔在《通往威根码头之路》一书中描述了英国穷困人的生活："他们的食物主要有白面包、人造黄油、罐装牛肉、加糖茶和土豆——这些食物都很糟糕。"但是他们并不愿意花钱去买更健康的食物，甚至花更少的钱吃到健康食物也不愿意。"一位百万富翁可能喜欢以橘子汁和薄脆饼干当早餐，但一位失业人员是不会喜欢的……当你陷入失业状态，你并不想吃乏味的健康食品，而是想吃点儿味道不错的东西，总会有一些便宜又好吃的食品诱惑着你。"

追求即时的口味满足是人的本性，而拥有延迟满足能力的人会让自己吃得更健康，健康的食物往往口感上稍逊一筹。而对于美味的诱惑，那些短期主义者是没有抵抗力的，所以，他们总是会被健康问题不断纠缠。同时，那些"短期主义者"不仅不注重自己的健康，也不注重孩子的健康，即便是在当今社会，有些国家的人哪怕是花极少的钱给孩子吃一片驱虫片都难以做到，可他们却在追求食物的口味上面不断地"浪费"钱财。因为在他们看来，除通过吃获得口味上的满足外，似乎难有什么其他途径获得身体和精神上的满足感，于是干脆就今朝有酒今朝醉。而这种"坏习惯"是需要支付巨大的人生成本的，它让人丧失理想、丧失激情，进而又陷入贫困的生存闭环中，无法脱身。所以，要摆脱这种生存状态，就必须要学着去打破自我的思维局限性，努力改变那些拖累你的"坏习惯"，并从中获得延迟满足感的能力。

《富兰克林自传》中讲述了富兰克林是如何改掉自身的坏习惯并培养自身品德的全过程，极为精彩。

富兰克林为什么要培养这种完美的品德呢？他是这样说的：我希望一生中任何时候都少犯错，我要战胜所有缺点，不管它们是天性使然，或是习惯导致，或者是交友不慎所致。因为我知道，或者是自以为有自知之明，知道什么是好什么是坏，我想我或许可以达到只做好事而不做坏事的程度。

富兰克林找到了13种重要的美德，分别是：节制、缄默、有序、决心、节俭、勤奋、真诚、正义、中庸、整洁、冷静、节欲、谦虚。而且每一种美德下面都有极为简明的注释，以防出现理解的偏差。

然而，富兰克林将这13种美德放在了这样一张表格中，每天检查自己，每周注意力集中在一种美德上面，第一周从节制开始。

他的具体做法是这样的："我决定对每一项美德进行一周的严格的关注，如此依次进行。这样，在第一个星期中，我谨慎地避免有关节制的任何细微的过失。其他美德让它们像平时一般，只是每晚记录有关过失。这样，倘若在第一周，我能使写着'节制'的第一行里面没有标着黑点，我就认为这一美德已经得到了加强，而它的相反方面则就被削弱了，其程度可能足以让我敢于扩大注意力到下一面的一项，争取接下来的一周在两行中都没有黑点。就这样一直下去，我可以在13个星期内通过整个过程，一年可以循环4次。"

这个方法有哪些特点呢？

重复次数多。第一项美德节制，一年重复了365次，几乎每天都被关注，每一回合的第一周会花全部的注意力关注，第十三个美德谦虚也至少重复了28次，也就是被审视了28天。

周期长，使用"年"作为单位。很多人都希望改掉自己的一些臭毛病，或者培养一些好习惯，但往往以失败而告终，极为重要的一个原因是其低估了改变坏习惯或者培养新习惯所需要的时间和耐心，即使富兰克林照年为单位的严格执行他的完美品德计划，也没有做到完美。正如那句话所说："你用多长时间培养了一个坏习惯，那就准备用多长时间改掉它。"

生活中，我们或许难以做到像富兰克林那样，事事都追求完美，不过这并不妨碍我们将一些小事情做得更好，我们可以借鉴富兰克林用来改善学习以及生活的方方面面的方法。实际上，我们在改掉"坏习惯"的过程，就是持续性地给人生做熵减的过程。比如，你脾气很差，总是会莫名其妙地向人发火，这已经成为你的拖累。你要改掉这个"坏习惯"，可以运用富兰克林的方法，将脾气填写在一张表格中，每天早上起床告诉自己避免发脾气，在你准备向人发脾气时，不妨有意地提醒自己，这就是延迟自我满足感的过程！同时，还要每天晚上检查是否做到了，如果做到了就打勾，没做到就打叉，每天定时反思因何事发脾气了。然后找到原因，对症下药，一个月一轮回，过不了多久，便能改掉这个坏习惯。

改正坏习惯与修正自我德行，都是使自我获得延迟满足能力的过程，也是改变自我，不断地修正自己，成为更好的自己的过程。

## 戒掉拖延，提高自我执行力

拖延是造成个体熵增的主要原因之一。在日常生活中，我们无时无刻不受到拖延症的影响：早晨起来，闹钟铃声大作，按停 N 次就是不想起床，眯缝着惺忪的睡眼告诉自己再多睡几分钟，只要上班不至于迟到，便心安理得地享受赖床的乐趣；知道迟到不礼貌，可是在约见别人时总是拖到最后一刻才着手准备，匆匆忙忙赶往现场还是被久等的人狠狠地数落了一顿；脏衣服攒了一件又一件就是懒得洗，准备清洗时几乎塞满洗衣机；房间里的物品杂乱不堪，总想着过会儿再收拾；面对摆在眼前的工作总是提不起兴致，改不了拖拖拉拉、磨磨蹭蹭的毛病，上司或老板不给自己下最后通牒就不打算及时完成任务，该回的邮件、该打的电话、该做的计划能拖就拖，只要还没临近世界末日，我们便会尽可能地把此时该做的事延迟一刻钟、数小时或者干脆推到下一天做，总之，我们总是乐于先享受当下的时光，将所有那些让自己感到痛苦的、不快乐的不情愿做的事情一再推后，使人生的熵增值急剧上升。拖延在我们的现实生活中极为普遍，可以说它已经成为现代人的通病，这个看似不大的毛病，其实能让我们的生活变得混乱不堪，学习进程停滞，工作升迁无望，个人前途尽毁。总之，拖延的惯性和危害极大，它带来的短暂愉悦感会让我们“根本停不下来”，从而将人生在熵增中变成了低配版。

拖延是人性的本能使然，人性即指人的自然属性，自我保护、预防能量消耗就是人性之一。动脑和动手都会消耗能量，人只要消耗能量，就会感到痛苦，人为了躲避这种痛苦，就不愿意去动手、动脑，于是拖延便产生了。而如何调动起我们内在的力量，去消除拖延，让自己行动起来自愿去消耗能量呢？

那就要清醒地认识到，拖延、暂时的偷懒固然能为我们带来一时的快乐，但最终却会为我们带来更大的痛苦。比如，看到屋子很凌乱，你还是不愿意动手去做。长久积累下来，屋子越来越乱，心情也越来越糟糕，而屋子一片狼藉，东西找不到，会为你带来更大的痛苦。当你认清楚这一点，便能激发出自己内在的动力，从而慢慢地消除拖延。

另一方面，从心理学的角度出发，一个人之所以会拖延是因为其无法延迟自我满足感造成的。爱拖延者，在工作或学习时，总是一味地沉浸于那些让自己感到舒服的事，比如刷微博、刷视频、看八卦新闻等，而会将那些让自己感到不悦、痛苦或棘手的事情，比如工作难题、要完成的任务等向后延迟，所以，最终让自己陷入了更为糟糕的状态。

徐晓蓓向来没有时间观念，做任何事情都要让别人催，有时被催急了，就皱着眉头满脸不悦地说：“你烦不烦啊，让我喘口气行不行？”她可不想扮演什么拼命三郎的角色，心想唐代大诗人李白都说“人生得意须尽欢，莫使金樽空对月”，她又何必让自己像陀螺一样转个不停呢？

徐晓蓓最大的爱好就是看肥皂剧，每天下了班就把自己窝在沙发里，任何事情都不能使她把目光从电视银屏上移开，欣赏完电视剧就躺在床上休息，朋友给她发短信，她从不立即回复，QQ 信箱里堆满了邮件也不爱查看，吃完晚饭后餐具从不及时清洗，总要拖一两个小时才开始刷洗。朋友们说她邋遢，是个不折不扣的懒鬼，她对此满不在乎，毕竟这是她的生活方式，别人就是再看不惯也不可能强加干涉，可是工作就不同了，拖延症让她吃尽了苦头。

有一次，公司接手了一个重大项目，为了做出让客户满意的方案，领导提前给每位员工发放了一堆材料，宣布在会议上讨论，希望到时大家能制订出出色的策划案。徐晓蓓想，公司一般是在每月15号开会，现在离向公司献策的日期还有八天，根本就没有必要赶工，于是依旧舒舒服服地过着自己悠闲的小日子。一转眼五天的时间过去了，看着办公桌上厚厚的资料，徐晓蓓有点着急了，于是硬着头皮狂“啃”资料，整整两天时间都处于头昏脑涨的状态，只剩下一天做策划案了，徐晓蓓叫苦不迭，只好匆匆赶工，忙了一上午没出什么成效，午餐过后又有点困倦了，于是美美地睡了会儿午觉，心想工作还是下午再做吧，实在做不完大不了晚上加班。

一直忙到下班，徐晓蓓总算完成了一半策划案，回到家后熬夜工作，苦苦撑到半夜十一点，再也坚持不下去了，只得草草收尾，第二天把一个豹头蛇尾的策划案交给了领导，领导看到前半部分时颔首微笑，看到中间部分脸上表情“晴转多云”，看到后半部分脸色大变，徐晓蓓暗叫不好，等待着一场暴风雨的来临，果然，领导劈头盖脸地把她训斥了一顿，此后有什么重大项目都不放心交给她。徐晓蓓做了三年策划师后被冷落到一旁，转眼到了三十大几仍是一事无成。

在现实生活中，每个人都有拖延的借口和理由，但无怪乎就是想沉浸于能让自己愉悦的事情中无法自拔，将那些让自己感到不快的事无限期地往后拖。所以，要解决这个问题，最为关键的就是要学会调整事情的优先次序，通过延迟满足感，着手去解决那些让自己感到痛苦的事，然后再去做那些能让自己获得满足感的事。

今年四十多岁的刘欣是一出版公司的行政职员，她经常因为无法按时完成工作任务而被焦虑所缠绕。原来，她焦虑的原因在于有拖延的恶习。后来，一位同事从她的生活习惯中观察到了其产生拖延问题的根本原因。原来，她每天上班后，在刚开始的两个钟头，总是将容易和喜欢做的工作完成，而在剩下的六个钟头里，再去做那些让她感到棘手的工作。这也意味着，刘欣每天的前两个小时是快乐的，富有满足感的，而后六个小时是痛苦的。后来，同事就告诉她说：你可以试着去换一种方式。每天上班后先去着手处理那些让你感到棘手的事情，然后再腾出时间去做后面的事情。按照你的工作效率，在一天的头两个钟头，完全可以将那些困难的事情处理好，然后接下来的六个钟头，便可以在快乐中度过了。刘欣听罢，完全同意同事的建议，而且坚持照此执行，不久便彻底克服了拖延症的坏毛病。

刘欣采纳的建议就是延迟满足感，她通过重设了工作中快乐与痛苦的次序，即直接去面对让她感到痛苦、棘手的工作，解决了问题再去做自己喜欢的工作，享受更大的快乐，最终治愈了自己拖延的毛病。

一项调查显示，86%的职场人士和80%以上的大学生都有拖延症，在这些人当中，50%的人表示总会把事情或工作拖到最后一刻才去做，13%的人表示如果不是被一催再催，他们根本没有办法按时完成任务。很多时候，人们不知不觉就陷进了拖延症的旋涡，一直重复着拖延的行为模式。拖延虽然在严格意义上并不属于某类疾病，可是拖的结果也很要命，严重的拖延症会对人们的身心健康带来非常大的负面影响，比如产生自责和负罪感，自信心丧失，并伴有各种不适心理症状，进而引发多种心理疾病，毁掉个人幸福和大好前程，所以一定不能任由自己的拖延行为进一步发展和恶化，而要及时悬崖勒马，纠正自己的心理和行为偏差。

## 冥想：净化心灵，实现情绪负熵

克林顿·O. 朗格内克在其著作《巅峰表现》中说，高手的策略其实很简单：成长=压力+休息。这里通过冥想来降低情绪熵，就是在进行战略性休息。为什么叫战略性休息？为了提高最终的成绩，需要单独拿出时间来做与主要工作无关的冥想，而且冥想并不直接产出什么。所以很多人会因此而逃避冥想。可见，冥想就如充电一般，是降低个体情绪熵的重要方式。

在现实生活中，我们的思维、情绪是不断熵增的，它会消耗我们的内在精力，影响我们的专注力。这个时候，冥想则可以帮助我们清空杂乱的思维，整理内在繁乱的情绪，从而让我们将精力投入到有意义的工作中。这个过程就像手机各种 App 后台开得太多了，需要清理，否则不多的电量将会很快地用尽。

西方学者指出，冥想的原理在于：通过主动地减缓呼吸、心跳和大脑活动，放松植物神经，抵制大脑额叶，进而让意识和身体的空间感相互剥离。

冥想是一种意境艺术行为，一个人只有通过实际的体验才能够真正理解其中的奥妙真义。在当下的社会，我们的情绪很容易产生波动：亲情、爱情、友情带给我们的喜与忧，学习、工作、升迁降职带给我们内心的躁动，还有那不可抗拒的生老病死带给我们的心灵上的恐慌……这些情绪上的熵增，需要及时整理。而冥想，简单地说，就是让人停止意识之外的一切活动，使人达到“忘我之境”的一种心灵自律的行为。

心理学家也指出，人在冥想过程中，脑波会变得异常安定，心情也会逐渐变得平和，全身的肌肉会变得放松，人体内的吗啡、多巴胺等激素的分泌反而会越来越活跃，因此人体的免疫力就会逐渐地加强。另外，冥想过程中，我们会在不知不觉间改善自身那些不好的性格与行为，让自己变得更客观、更安定，更能以积极的态度面对现实世界。同时，在此过程中，我们的记忆力、思考力、创造力也会得到提升。成功的冥想能够有效地清除我们脑子中所有分散精神的东西，包括紧张、不舒服、烦恼、疼痛和恐惧的根源。一位有着几十年冥想体验的练习者说，长久的冥想可以让人产生更高的警觉性，使人的心智更为成熟，拥有更敏感的知觉性。

可以说，冥想是一种心灵的感受，是用心灵的作用去影响身体，调整内在的情绪状态，是一种健康的生活方式，是一种对生命深切体悟的过程。

在很多人的观念中，冥想就是静坐在一个地方，闭上眼睛，通过有效地调整呼吸，尽力将心灵排空的一种状态。其实，冥想并非仅一种方式，而是指人身心达到的一种境界，一种平稳、宁静、舒适的姿势之中，然后将意识集中导向无限的本体之中。聆听身、心的窃窃私语，就能使你自己了解你体内发生的事情。

一个人在这个时候，其意念中所呈现的东西，或许可以让一个人品味出人生、生活的真谛。在这样做的过程中，可以使人处于一种“平和、领悟、安详”的境界。总之，冥想是一种有效调节和归纳整理自我情绪的良方，它所用的时间不会太长，对场地也不会有特别多的要求，是每个人都能做到的一种简单的修身养性的方法。所以，生活中，当焦虑情绪来袭时，请学着开始冥想吧。下面的几个动作就可以让你进入状态，有效地缓解你的情绪。

1. 在一个空间里直坐，双手分别放在腿部。刚开始你的脑子可能乱得像一锅粥，但是，头脑是可以被驯服的，然后你可以将精力集中到一个点上。一个有用的方法就是将你的注意力集中到眼前的一个物件上，缩小你的视野，排除杂念。另外，要集中你的注意力，你可以不断地重复一句话，这样有助于你集中精力。

2. 当你注意力集中后，你就可以进入下一个状态：什么都不想，心无杂念。做到这一点很困难，但行之有效的方法是：每当有什么问题想钻进你的头脑时，你要有意识地将它们抛出去。过一段时间，你就能学会如何排除杂念，使自己不再受思想的控制，开始真正地找到自我。

## 降低情绪熵，从专注你的呼吸开始

只需要坐下开始冥想，整理内在混乱的思维、平抚内在混乱的情绪，就可达到释放生活压力的目的。

对于生活中的大多数人来说，可以从“专注呼吸”冥想法开始去行动降低你的情绪熵。

呼吸是一把健康的钥匙，伟大诗人和思想家歌德就曾发出这样的赞叹：“一呼一吸，是上帝的恩典，使得生活美妙无边。”呼吸的影响力不仅仅在身体方面，它还与情绪、思想息息相关。比如，当人们受到惊吓时，会倒吸一口气并屏住呼吸；当人们感到疲劳和烦闷时，呼吸会被拉得很长，会打哈欠；当人们感到生气或难过时，呼吸就会变得没有规律甚至起伏很大；当人们感到紧张、担心或焦虑时，呼吸就会变得很浅；当人们心情愉快时，呼吸就会变得平稳、徐缓。而不当的呼吸方式，会让人变得精神紧张、烦躁，负面的情绪及压力自然无法得到释放与疏解。因此，生活中，你能更好地调整你的呼吸，就会减少个人情绪的波动。

用呼吸来调整或缓解和平抚你的负面情绪，你可以尝试以下的方法：

1. 深呼吸

生活中当你与人争吵或气恼时，或正准备作首次演讲和演出而感到紧张时，或正设法去解决一个难题而感到焦虑时，建议你停下来，做几次深呼吸。具体做法为：

闭目端坐在椅子上面，努力使自己的心情平静下来，然后慢慢地、缓慢而有节奏地、深深地吸气，充分吸气后，几秒钟内屏住呼吸，然后将气慢慢地吐出来。吐气时，要比吸气时更慢。一边做这样的深呼吸，一边在每次吐气时心中默念着“1、2、3……”反复多次后，肌肉就会从紧张进入松弛的状态，可以使紧张和焦虑的情绪得到相应的缓解。

2. 丹田呼吸法

丹田呼吸法是冥想时常运用的呼吸法之一。它可以有效地调和身心，使自己的身心与天地调和之气保持一体化。在这样的状态下，我们可以通过调节自我的意识来控制自己的情绪。具体方法如下：

进行呼吸的时候，在呼气时，要尽量使下腹部往里收缩，同时用力使横膜收缩，保持下腹部的用力状态；在吸气时要尽量使下腹部向外膨胀，并使下腹部达到弧形的形状。为此，人们也将丹田呼吸称为“弧形呼吸”。

在呼气的时候，我们要想象自己体内的恶气完全被排除了体外；在吸气的时候，想象宇宙的能量从头部顶端（百会穴）进入脸部、颈部、胸部和腹部，使全身都充满了宇宙的能量。这样可使容易上扬之气下沉，使容易下行之血上扬。

呼吸时尽量深呼吸，能够使人的上半身神清气爽，下半身温和舒适。这种上部清凉、下部温暖的状态，是平衡调和的状态。在这样的状态下，我们便能够与宇宙一体化，这时，我们的身心非常松弛。

常运用这种方法进行冥想，可以使人保持良好的精神状态，有效地缓解压力，消除紧张和焦虑的情绪。

3. 腹式呼吸法

人体的腹腔内藏着除心、脑、肺之外的全部脏器，包括消化系统、造血系统、泌尿系统以及内分泌系统、淋巴系统的一部分，并拥有大量的血管、神经，因此腹式呼吸能有效地促进人体的胃腹运动，改善人体的消化功能。同时，腹式呼吸也是缓解人体紧张的“减压药”，多练习腹式呼吸，可以使身体得到充足的氧气，能有效地释放体内压力，消除紧张的情绪。所以，生活中无论何时当我们感到紧张时，都可以尝试采用腹式呼吸。其具体方法为：

盘腿而坐，全身尽量保持放松的状态，两手自然地放在膝盖上面。头微微地下垂。呼吸时下腹部要暗暗用力，吸气时，腹部鼓气；吸气时，腹部收缩。

然后再将上面的动作反过来做，先吸气使腹部收缩，呼气时再把腹部鼓起。做腹式呼吸时要注意把握以下几点：一是呼吸要深长而缓慢；二是用鼻呼吸而不用口呼吸；三是一呼一吸掌握在 15 秒左右，每次 5~15 分钟，当然时间也可以再长一点；四是呼吸过程中如果有口津溢出，可徐徐下咽，不要吐出。

## 要净化心灵，尝试这五种冥想法

生活中，当我们的心灵充斥太多意念的时候，就会被负面情绪所缠绕。这时候，降低自我情绪熵，具体可以尝试以下这五种冥想法。

1. 慢走式冥想

美国斯坦福大学医学院的健康教育、健康专家曾鼓励那些走路健身者改变自己的运动习惯，号召大家不妨边走边冥想。这种慢走式冥想可以让人专注于自己的思想，集中精力，同时让人从思维上、态度上保持一种平稳的心态。当你将这种心态带到生活与工作中去时，你将能够在一切波澜面前保持稳定、平和的情绪。实验证明，一群人在慢走式冥想 16 个月之后，焦虑自然减轻，整个人的状态也因此与以往而大有不同。

为此，当你因为内心杂乱而处于焦虑状态时，不妨坚持进行走路冥想吧，无论是在宽阔的马路上还是狭窄的小道上，甚至地铁、楼房的楼梯，抑或是公园、湖边等场所，都是进行慢走冥想的“幸福地”。在刚开始走的时候，你的每一步都要慢，将你的注意力集中到一点上，直到你完全意识不到自己行走的步伐为止。通过一段时间的坚持之后，你就会发现自己的心灵得到了最大的安定，身体也得到了最大限度的放松，找回了健康与身体的平衡。同时，每天有规律地坚持行走冥想，可以有效地调节大脑神经，让处于压力下的大脑得到放松，让心灵得到净化，生活中的一切杂念便不会再来随意捣乱了。

2. 游泳冥想

麦当娜·戈丁在其著作《冥想圣经》一书中，详细地描述了如何让平淡无奇的游泳通过冥想升华为一次心灵体验，这种体验能够帮助你克服各种困境，帮助你平衡身心。生活中，当你被挫折、困难或其他阻力所困扰的时候，不妨尝试运用游泳冥想法。对此，你可以记录下生活中阻碍你发展的一切有可能的因素。你敢于直白地表达自我吗？你希望自己的生活更加井井有条吗？不管这些因素是什么，请将它们诉诸纸笔，澄于内心。接下来，就随步骤来净化自己的心灵。

①选择一个无人的泳道，开始游泳。最初的几分钟，只需专注于游水时的呼吸。

②内心想着要克服自己的障碍。将你克服阻碍的状态在意念中呈现出一个场景。

③每一次划动手臂，击打水面，都想在眼前呈现一个画面，你正在一点一滴地克服自己的恐惧或障碍。

通过以上三个步骤的练习，就完成了一次增强个人意志力的练习，坚持一段时间，就可以帮你克服各种心理障碍，助你净化心灵。

3. 美丽冥想

美丽冥想是女性美容的一种心理暗示方法。比如，你可以选择一个幽静的环境，不拘姿势，调整好情绪，跟着自己的腹式呼吸进入冥想的状态。从 1 数到 10，逐渐地调整你的呼吸，想象自己的皮肤光洁无瑕、红润、有光泽。经常练习这种冥想，不仅可以使你的皮肤光泽细腻，可以延缓脸上皱纹的生成，也可以使你净化自己的心灵，让压力、烦恼随着你的毛孔慢慢地从身体排出去。

对此，心理学上也指出，美丽冥想对身心产生的作用是明显的。当你冥想时，大脑会产生一种激素，按照冥想对象不断地调整身体状态，使你控制肌肉、软组织甚至骨骼形态的信息码发生相应的变化，从而达到美肤的目的。

4. 芳香冥想

芳香冥想是一种有嗅觉功效的冥想，冥想者事先要选择适合自己的、喜欢的香薰精油，利用嗅觉慢慢地释放心灵的毒素，调节压力带给身心的不适感，达到良好的减压和美容的效果。

芳香冥想不仅是清洁心灵的一种有效方法，更是舒缓并唤醒肌肤和身体活性，提升身体敏感度的好方法。这种方法更适合感性的女性，在冥想的同时，还会提升女人优美的性情和高尚的情趣。具体的方法为：

选择自己喜欢且适合自己的香精油，放入精油炉中加热散发香气，选择坐式盘腿的姿势，采用慢慢的腹式呼吸。想象着自己已经到达喜欢和向往的地方，从头部开始放松，接着是肩部、背部、腰部……然后从内心告诉自己"我现在已经彻底放松了，我的心灵找到了真正的安宁，我已经没有烦恼了"等类似的暗示语。

5. 简单冥想

在生活中，可以随时随地做的净化心灵的冥想练习方法为：

①看镜子。拿一面镜子，去观察镜子中的自己。不要以平时"我看镜子"的思维去看，而要让镜子中的人来看你本人。当你熟悉的脸孔通过镜子来看你的时候，就会有一种神奇的感觉，这种神奇的意会感觉会将你带入一种无思无虑的状态中。

②发愣、发傻。当你处于焦虑状态的时候，对自己说我现在发愣一会儿，将上下嘴唇分开，放松下腭，发愣一下，这时候你的思维瞬间切断，进入一种冥想的状态。

## 崇尚极简生活：降低自我能量的耗散

生命存在的意义就在于具有对抗自身熵增的能力，即熵减的能力。每一个生命终将走向灭亡，因为这是熵增的必然性。对于个体来说，给生命做熵减，一方面要保持自律，持续性地给生命做功，使生命变得更有秩序；另一方面也要尽可能地减少个体能量的耗散，让自己将更多的精力投入到更有意义的事情里去。所以，极简生活可以达到这个目的。

“极简”就是简单，然而极简真正的含义并不在于简朴，它只是将一种断、舍、离的方式融入生活中。它强调“如非必要，勿增实体”的生活理念。在添置物品方面，号召人们要保持一种谨慎的态度，在减物方面，则鼓励大家要大胆扔，大胆抛弃。也就是说，要尽可能地不添置无用的物品，同时要豪爽地扔掉生活中所有的多余物品，不把物品减少到无以复加、无从删减的程度就绝不罢休。

当然减物只是一种手段，减少物品的占有，主要是为了给自己腾出更多的时间和精力去做更有意义的事情。处理物品，本质上是在梳理自己的人生，重塑一种新的生活方式。关于该如何简化生活，应将物品减少到多少件为宜，需要根据自己的实际情况而定。每个人都有属于自己的心理舒适区，没有必要把家里极简到空无所有，减物和增物一样，都要遵循一定的章法，不要过多地违背自己的自由意志，只需遵从内心的感觉就好。

极简生活强调的是纯粹的空间容不得拥挤、容不得繁杂，而拥挤、繁杂、无秩序代表的是过剩的物质欲望，这会过多地消耗我们的内在能量。崇尚极简生活的人，在居住方面强调的是温馨的、舒适的，适合诗意地栖居；在理性上，它应该是极简的，所有的元素都应该是简洁、纯净的，没有多余的装饰，没有纷乱的色彩，没有不必要的奢华，也没有乱糟糟的杂物，置身其中，你能感觉到它的空间层次感和通透性，深深地呼吸，你能听到心灵自然的律动。

贝拉是某广告公司的资深策划，收入比较可观，经济相对比较宽裕。她居住在一所百余平方米的高档公寓内，每个月都会花数千元购买新鞋、新包和新衣服，衣柜里的衣服超过了300件，鞋子多得好几个鞋架都放不下，家里看起来拥挤凌乱不堪。她曾经花了两万多块钱买过一只奢侈品牌的皮包，买了好几年也没怎么用过。

贝拉每天都会花很多时间试穿各种外衣，每次出门都要为该选哪件衣服而烦恼。她还买了一大堆各式各样的图书，不过它们的作用仅限于装点书房，大部分书她都没有读过，她总是以为自己终有一天会翻开一本书津津有味地阅读，但那一天似乎永远也不会到来。

贝拉现在可以随心所欲地购买自己想要的东西，即便大部分东西都是放在家里发霉，根本没有实际用处。拥有这些东西，她确实快乐过一段时间，觉得自己过上了好日子，具备了一个白领该有的品位和风范。可是渐渐地，她开始意识到自己所拥有的东西实际上是一种莫大的负担，收纳和维护它们，耗费了她大量的时间和精力，这种烦恼持续发酵，逼得她不得不做出改变。

她决定追求一种简单有序的生活，转让或赠送了200多件衣服和大量的家具用品及图书，将个人用品减少到75件，如今她的东西少了，烦恼也少了，从此不必再花费心思去照看它们了，有了更多的时间和金钱，她开始将精力用于工作和健身，生活变得异常丰富和轻松。

在这个以占有更多的物质和社会资源为荣的时代，极简主义的理念显然是逆潮流而动的，那么它为什么会风靡于很多个国家和地区呢？答案很简单，因为这种生活方式对于人们的身心是有益的，越来越多的人发现，拥有得越少，反而会更自由更快乐，于是由拜物到减物就自然而然地成为了一种新型的社会思潮。那么这种思潮究竟能带给我们哪些具体的好处呢？

1. 减少花费，使你更容易实现财务自由

当你想要购买的东西更少时，开销就会大幅度减少。没有多余物品的积压，就不用浪费时间和金钱存放、维护、保养和修理这些东西。比如你有好几款限量版皮包，为了使它的皮质始终保持原来的状态，需要耗费不少心思保养。一旦有了污损，修补起来又要破费一番。假如当初买的是一种普通版的耐用的皮包，一切的麻烦都可以省了。

当你对物质的欲望变淡以后，就会越来越倾向于把金钱花在实处，这样就更容易实现收支平衡和财务自由。有的人认为只有拼命花钱，才能产生更强大的赚钱动力，其实事实恰恰相反，赚得越多花得越多，不去控制物欲，花得永远比赚得多，即使你收入再丰厚也可能解决不了当前的财物困难。世界上曾经拥有数亿美元，在短短几年内将全部家产耗光，最终负债累累的名人比比皆是。你如果不想步其后尘的话就应该反思一下自己的生活，考虑一下有没有改变的必要。

2. 让你活得更轻松、更自由

物品越多，家里越显得拥挤混乱，这种杂乱的场景无形中会给你带来诸多烦恼。一个极简的家，方能给你带来更多的舒适感和安全感。再者，东西少就意味着你不用浪费太多时间整理，假如你的房间里堆积的物品就像百货商场一样丰富，那么归整起来就会变得令人望而生畏。尝试去过极简生活，可以让你从工作压力中得到解脱，真正过上一种轻松惬意的私人生活，至少能保证你不会被繁重的家务缠住，不会看着杂乱的空间产生一种可怕的窒息感。

3. 符合环保理念

消费越少，消耗越少，对环境造成的污染也就越少。当你大包小包采购回来的时候，一只只塑料袋堆积起来就变成了白色垃圾。减少购物的频次，在一定程度上可以减少对环境的污染。以交通工具为例，私人飞机和私家车都会给大气带来污染，骑车出行或搭乘公共交通工具有助于减少碳的排放量，可以让你为环保事业尽一份力。

4. 可以让你享有更高品质的物品

物品的数量和品质一向都是成反比的，你拥有的物品越多，精品就会越少。你的衣橱里可能挂着数十件平庸的衬衫，它们全都是你心血来潮时买下的，真正喜欢的其实没有几件。如果这样，当初你何不买几件自己喜欢的衬衫呢？一件钟爱又合身的衣服胜过一堆放着不用的东西，少而精才能提高物品的使用效率。

5. 可以帮助你从相互攀比中解脱出来，减少不成熟消费带来的压力

人在天性上就非常善于跟周围的人比较，看到别人拥有了更新换代的高科技产品或是穿着时髦的衣服，自己也想马上拥有，在嫉妒心的驱使下，往往会盲目消费，购买大量不需要的物品，给自己带来莫大的财务压力。奉行极简生活，不去跟别人攀比，意味着更少的负债，更少的财务压力，更多的自由，更少的家务和清理工作，这样的生活方式一定比你占有很多物品时来得更舒心更快乐。

## 脱离“伪忙碌”，让办公从“极繁”变“极简”

降低内在能量的耗散，除在生活中崇尚极简生活外，还要在工作中懂得“化繁为简”。

极简办公说起来很容易，实践起来却非常难。在职场生活中，“伪加班”“伪忙碌”的现象可谓屡见不鲜。如今无论基层工作者，还是中高层管理者，都在不同程度地扮演着大忙人的角色，似乎总有处理不完的文件，总有开不完的会议，总有完不成的事项，人们恨不能让地球减慢自传的速度，让每天多出几小时来。

基层职员经常忙得焦头烂额，但办公极其没有效率，几乎不加班开夜车就完不成工作任务，他们具有蚂蚁的吃苦耐劳精神，像老黄牛那样任劳任怨，却拿不到绩效奖金，每天都在穷忙、白忙。管理人员和企业主的境

况也好不到哪里去，表面上看他们个个风光，头顶精英阶层的光环，实际上他们也像普通的办公人员那样摆脱不了繁重的工作任务，工作和生活基本完全融为一体，一年到头难得享受一次休假，没有时间运动，也没有时间追求高品质的享受，唯一能做到的是买些书画和艺术品来附庸风雅。

迪恩自诩为极简主义者，其理由是他无论在消费方式上还是在工作生活方式上，都无限贴合极简理念。由于工作太过繁忙，他根本抽不出时间消费，忙碌了一年才能抽出几天时间外出度假，每次归来他都能带回一些有纪念意义的藏品，以此来凸显自己与众不同的品位。每件藏品都很贵，但它们基本上都没有什么收藏价值，不过是他装点门面的装饰品罢了。

迪恩是公司里有名的拼命三郎，几乎每天都是第一个来到办公室，最后一个离开，用披星戴月来形容一点都不为过，他总是忙忙碌碌，但业绩始终不理想。有时该打的电话没打，该联系的客户没联系，该处理的文件没处理，下班时间便到了。看着桌面上乱糟糟的文件，他的心绪也无比烦乱，心想这下又要熬通宵了。

由于接连熬夜，他的精神状态越来越差，白天精力不济，工作常常出现纰漏，这让他非常苦恼。眼看一年就要过去了，他始终没能调整好状态，对新的一年也没有什么期盼。他还年轻，却已经对未来的生活不报任何希望，每天早晨醒来都无比压抑，到了晚上心情更加沉重，他不知道何时才能摆脱苦役，何时才能过上正常人的生活，内心无比茫然。

在当代社会，极简主义虽然已经成为一种潮流，但真正能过上极简生活的人实际上并不多。部分原因是人们很难改变那种消费至上的观念，需要从消费中获得满足感。这种观念使得不同阶层、不同的社会工作者不约而同地被金钱套牢。穷忙一族尽管劳而无功依旧热衷于加班，高管和企业主尽管忙得没有时间花钱和享受生活，依旧忙碌不休。人们为什么要这么忙呢？在某种程度上是为了用更多的时间换取更多的金钱，除此之外，还有另一个重要原因，那就是不懂得化繁为简，不知道该怎样安排工作和高效管理时间，所以始终脱离不了“伪忙碌”的状态。

忙是一种工作状态，也可能仅仅是一种表象，真正高效的人未必是最忙的人，也未必是加班频次最多的人。伪忙碌是没有意义的，从某种程度上说，它属于时间管理失败的产物，与敬业精神基本无关。我们必须想办法让工作从“极繁”变为“极简”，才能跳出瞎忙、白忙的怪圈。那么具体该怎么做呢？

1. 把复杂的工作简单化

在做策划方案和拟写工作报告的时候，很多人会把里面的内容写得又多又详细，本来几页纸就能概括的东西，偏偏要制作成一个薄薄的小册子，等到在会议上发言的时候，听者完全不知所云，根本搞不清重点在哪里，这种做法显然既浪费自己时间，又浪费别人时间。一流的策划方案或工作报告通常都是极其简单的，它们通常比简报还清晰明了，把简单的工作搞得复杂化不仅不能凸显出自己的水平，反而会显得自己概括能力不足，这种做法是不足取的。

有的人喜欢把简单的东西变得复杂，一方面是因为觉得别人看不懂听不懂的东西才是高端的，另一方面是因为抓不住核心，看不到问题的本质，一不小心就被枝枝蔓蔓牵绊住。前者工作态度不端正，后者洞察力不足。想要在办公过程中享受极简主义所倡导的惬意，首先要从改变工作态度和提升洞察力开始。

2. 每天做好三件重要的事

为了提高工作效率，很多人都会在办公之前拟好一份工作清单，上面事无巨细地罗列着一天之内需要处理的事项。但是如果清单包含的内容过多，任务太过密集，事务太过繁杂，就会给自己带来莫大的精神压力，进而导致行动迟缓。拖延症大多都是在这种情况下出现的。其实深谙时间管理之道的效率达人并不会做这样的傻事，他们在面对庞杂的工作时，普遍遵从一条极简原则，那就是每天做好三件重要的事。事实上，即使你不吃不喝不休息，争分夺秒地工作，也不可能在短短八小时之内将所有罗列在任务清单里的事情全部做完，总有一些事情要拖到第二天处理。如果你不懂得取舍，很多重要的事情都会被耽搁。

日复一日的忙碌，可能会让你混淆低价值的事情和重要事情的界限，促使你把大量的时间浪费在价值量不大的工作任务上，这就是你工作低效的重要原因之一。其实你每天必须处理的重要事项不会超过三件，你只要把这三件事把握好就可以了，其余的事情完全可以安排到其他时间完成。每天做好三件最有价值的事情，不仅可以让你优先完成最重要的任务，还能为你有效减轻精神压力，帮助你成功地从繁重的事务中抽身出来，过上一种游刃有余的生活。

3. 学会使用有助于提升效率的工具

古语说："工欲善其事，必先利其器。"善于运用科技手段和使用办公工具，往往能起到事半功倍的效果。比如人工计算庞大的数据，要花费大量的时间，而运用计算器，很快就能得出结果。但计算器并不是最好的统计数据的工具，倘若你统计的数据数量过多，又涉及复杂的运算，使用计算器同样也是一件费时的事情。在这种情况下，你不妨试试 Excel 表格，运用 IF 函数进行各种运算，采用此种方法，既省时又省力，能大大提高你的工作效率。

我们所熟悉的办公软件和办公工具有很多，但在实际工作中，我们往往做不到最优化选择，经常因为选择了错误的工具而浪费了时间。想要改变这种局面，就必须加深对办公工具的认识，必要的话可以考虑买几本相关的专业书籍阅读，边学习边操作，这样我们在使用相关工具的时候就能得心应手了。

## 坚持阅读：让你获得更为持久的“精神快感”

我们的生理结构决定了我们的大脑和身体更喜欢“偷懒”，因为它符合熵增定律。相比我们需要付出时间和精力去获得的复杂知识，我们的大脑更喜欢简单直接地解决问题。而阅读则是需要我们付出时间和精力去获得复杂知识的一种途径，它是对抗熵增，使我们获得更好成长途径的一种有效方法。所以，生活中如果我们能够长期地坚持阅读，就是在持续性地给人生做熵减的一种刻意练习，最终你将获得意想不到的收获。

陆萧，一个30多岁的人，从学校毕业到如今已经快十年，已经换了五份工作，而且每份工作坚持的时间都不超过2年。陆萧自己也明白，自己总是换工作，主要原因在于自己缺乏定力，每一次找的工作还算喜欢，但就是处理不好与领导或同事的关系。有一次，他凭自己的专业知识到了一家梦寐以求的公司上班，那是家大互联网公司，在行业内极有影响力。刚入职的陆萧凭着过硬的专业知识受到了上司的青睐，觉得以他的技术水平，如果足够勤奋的话，一定能在公司做出大的业绩。那时候的陆萧对自己也是信心满满，并且暗暗发誓一定要好好干，做出一番成就来。

可半年过去了，陆萧才深深地体会到表面光鲜的工作背后却充满了辛酸，公司总要求员工无条件地加班，这让陆萧感到苦不堪言。时不时总想一走了之。有一次，公司领导又要求加班，平时对自己要求不高的陆萧已经连续加班两天，这次他真的忍受不了了，便与领导发生了冲突，最终摔门而去，第二天便没再来上班，就这样陆萧一气之下将自己美好的前程给断送了。实际上，接下来的几份工作，都是因为类似的小事情而让他错失了许多个获得个人良好发展的机会。

对于此，陆萧也深知：自己有过硬的技术，但就是在小事面前不懂得保持冷静，总会因为冲动做出一些因小失大的事来。对此，他有自己的原因：自己总做出一些冲动的事，与其说是情商低，不如说是自己的耐力和修养不够。为了改变这种状态，他决定通过阅读来改变自己。而广泛的阅读则能让自己最大限度地静下心来，修炼自己的耐力和忍受力。同时，阅读还能增加自己的见识提升格局，让自己活得更通透、明事理，进而就能从根本上改变自己心胸狭窄的问题。

就这样，他在闲暇之余开始到图书馆阅读大量的书籍，从文学到哲学，再到通俗物理学、化学等，凡是好的书籍，他都不错过。从几个月再到一年，他慢慢地发现自己更有耐心和爱心了。以前那些让他看不惯的事与物，他开始接纳它们了。他知道：阅读让自己收获的不仅仅是个人认知的提升，还让自己变得更为慈悲和宽厚了。慢慢地，他终于明白：当一个人有厚实的内在知识底蕴做支撑，就不会再去计较个人的得与失，更不会在乎周围人对他的冒犯，也不会在乎他人的误解和世俗偏见对自己的评价，因为他的内心已经可以海纳百川，因为他不再色厉内荏，外强中干，更不会随意对人发脾气。这样的人，对自己与周围的人和世界都能有包容度，这种信念能让他游刃有余，与世界万物和谐地相处。

他更明白，坚持阅读的好处，增长的不仅是自己的智慧，还能修炼一颗强大的内心，让他有更为开放的意识和心态，对于任何不同的声音，他都能够认真听进去，然后能用自己的逻辑思维和理解以及科学的方法去检验，所以对于他人冒犯的言行不会轻易发怒，而是会理智且和谐地解决与他人的冲突和矛盾。

不久后，陆萧终于又一次走入职场，找到了一家不错的平台，并且为自己制订了极为详尽的个人发展规划，如今的他已经是那家公司的技术部经理了，可他还是坚持着每周必读一本书的良好习惯。

的确，坚持阅读这个习惯，能使你繁乱的人生归于秩序。同时能大大地降低我们的信息熵，它增长的不仅仅是你的智慧和见识，提升的也不仅仅是你的思维力和胸襟、格局等，关键还能拉升你的个人修养、层次，让你变得富有耐心和慈悲之心，让你能更宽容、更平和地面对自己与周围的一切。

文字是人类极为伟大的发明，这种抽象符号的出现，曾经突破性地推动了人类文明的进步。再也没有比抽象符号的阅读与审视更能够促进人类大脑发育的了，久而久之会让你摆脱简单直接解决问题的本能，大大降低了人类的信息熵。

另外，阅读的最高境界是享受生活，体验生命的快乐。人生苦短，来日方长，你的心，面临着物质与精神享受的双重需求。此二者的机制完全不同，物质生活的享受，是短促的、爆发式的，它带给你的满足感是极为短暂的，而后者是繁华落尽的空虚寂寞冷，而阅读所带来的精神快感却是缓慢而持久的，能让你的生命充实而饱满，如果你确信，明天还会来临，那么就应该勇于舍弃那种因过度追求物质享乐而带来的满足感，而是应该拿起书本，让生命在长久的满足感中安享芬芳。

那么，在现实生活中，我们该如何将阅读这件事坚持下去呢？你可以尝试以下几种方法。

1. 刚开始，尽量选择自己感兴趣的内容。我们要坚持阅读下去，就需要选择一些自己比较喜欢和感兴趣的内容，这是很重要的。每个人感兴趣的领域多少有些差异，有些人喜欢自然科学；有些人钟情于社会科学。当我们找到自己的兴趣所在以后，就会对阅读有些热情了，不会感到乏味无趣。

2. 安排好阅读的时间，充分地利用碎片时间读书，积少成多。现代社会，人们的工作和生活节奏非常快，很难有大段的时间用来阅读。如果大家都在等待有了很长的空闲时间再阅读的话，就很难形成连续性的阅读，因此必须要充分利用零碎的时间来完成每天的阅读计划，令阅读可以延续下去。例如，我们可以在通勤时间用手机阅读电子书，也可以在等车的时候通过手机收听一些有声书。也可以在出差的时候在行李箱里面放一两本自己计划阅读的纸质书，闲暇或等待时间可以拿出来读上一段。这样每天坚持下来，其实你会发现，用不了多久，一本书就会被读完。

3. 每天完成阅读任务后，给自己一定的奖赏。阅读的确可以让我们享受到精神上的快感，但为了使自己抽出更多时间将阅读这件事更愉快地坚持下去，还要适当地给自己一些外在的奖励，比如给自己奖励一块小蛋糕、一杯奶茶等，这样可以增加坚持阅读的动力。

4. 阅读要尽力祛除功利性。功利性的阅读不仅难以让你享受到精神快感，有时候甚至还会伤害你的大脑。因为过度的条件反射会让你在拿起一本书时产生这里面的知识是有用还是没用的意识反应。这种短视的陋见会让你的大脑限定于即时的固化状态中，对个人延迟满足能力的提升毫无用处，因为你看书是为了获得“有用”的即时满足感。

一个人只有通过大量而广泛的阅读，才能重启你的大脑。所以，生活中还是读一读那些对你来说“没什么用”的书吧，比如理科生读读加西亚·马尔克斯的《百年孤独》，读读太宰治的《人间失格》等，文科生读读霍金的作品，读读量子力学等内容。唯有丰富的阅读，才能使你的大脑更为灵活，遇到事或物不会做出最为简单、直接的判断。

## 坚持跑步：痛苦过后，便是更为持久的满足感

任正非表示，“你每天去锻炼身体跑步，就是耗散结构。为什么呢？你身体的能量多了，把它耗散了，就变成肌肉了，就变成了坚强的血液循环了……要知道，耗散的过程也是生长的过程，我们吃饭是熵增，运动是熵减，在一增一减的节奏循环中，人就成长起来了。”所以从生命健康的角度来说，跑步是一种生命体的熵减。正所谓户枢不蠹，流水不腐，运动能使生命体内的组织得以加快新陈代谢，如此使生命得以延长。

另外，跑步也是一种降低个体情绪熵的过程。在现实生活中，我们都可能有这样的感受：我们要跑步，刚开始跑的时候感到呼吸困难，浑身难受，觉得自己的身体似乎被灌了铅一般，难受极了，这是一个极为痛苦的

过程。而当你跑完停下来后，便会觉得浑身畅快十足，内心的焦虑、忧虑等负面情绪似乎随着汗水一排而尽，感觉自己整个人都被幸福和快乐所缠绕。所以说，跑步也是降低个体情绪熵的有效方式。

跑步后能使人产生畅快、快乐和满足的感觉，也是有科学依据的。人在快乐的时候，大脑会分泌内啡肽，而跑步会加速这种物质的分泌。首先我们应该来解释一下内啡肽这个名词。内啡肽是身体内自己产生的一类内源性的具有类似吗啡作用肽类物质，当人们进行一定的运动时，体内的内啡肽会持续分泌。但是这和跑步的强度也是有一定关系的，长时间、连续性的、中量至重量级的运动、深呼吸是分泌脑内啡肽的条件。这种“快乐激素”能够排解人们的压力和坏情绪，让人变得愉悦和满足。对于这种情绪的感受也会让很多人对跑步越来越上瘾。

另外，跑步中加速内啡肽分泌依靠着一定的运动量，对于经常跑步的人来说，将这项运动坚持下去已经成为他们生活的一部分。他们经常会有一种跑步“上瘾”的感觉，觉得不训练就浑身不舒服，总是想跑跑。没错，这种愉悦感是不断地在跑步训练中积累的，通过一定的运动量积累，内啡肽对情绪影响的效果会更明显，这在长期训练的跑者中能够体现出来。

同时，跑步与体内激素分泌也有一定的关系。我们都知道，激素是影响个人情绪的重要因素之一。当脑神经元中缺乏激素时，会导致负面情绪的产生。跑步时，随着不断的训练，人体激素的分泌也会增加，从而抑制负面情绪。

综上所述，跑步能让人产生快乐、幸福和满足感，同时还能帮我们释放掉负面情绪是一个事实，尽管在过程中是极为痛苦的，但最终带给我们的却是更大的满足感。所谓的延迟满足感就是让你懂得克服当前的困难而力求获得长远利益的能力，正如跑步的过程一样，先通过克服当下跑步过程中的呼吸困难、浑身酸痛等种种痛苦，然后再获得幸福和快乐的感觉，同时还能让自己拥有健康的体魄和极具张力的生命力，对生命而言，没有哪种利益或好处能抵得上跑步后所获得的这些。

日本作家村上春树有一本书叫《当我谈论跑步时我在谈论什么》。他说："我作为一位真正的严肃作家的生活，始于开始跑步的那一天。"那是1982年，他跑步的初衷只是因为减掉因戒烟而产生的赘肉。之后的三十多年里，他都坚持着这个习惯：每天写作四小时，然后跑约10公里。

就这样，跑步如同一日三餐、睡眠、家务和工作一样，成了理所当然的习惯……

跑步对我来说，不但是有益的体育锻炼，还是有效的隐喻。我每日一面跑步，或者说一面积累参赛经验，一面将目标的横杆一点点提高，通过超越这高度来提高自己。至少是立志提高自己，并为之日日付出努力。我固然不是了不起的跑步者，而是处于极为平凡的水准。然而这些问题根本不重要。我超越了昨天的自己，哪怕只是那么一丁点儿，才更为重要，在长时间的跑步过程中，如果说有什么必须战胜的对手，那就是过去的自己。

……

通过跑步可以让我们明白，人生没有极限，无论遇到多么糟糕的事情，只要你坚持"奔跑"下去，你总会度过那段艰苦岁月，继续这段旅程。人生也像每一次的奔跑一样，永远都是孤独的。但你还是要这样一圈一圈地奔跑下去，一刻也不能懈怠，一直"奔跑"在路上。

……

跑步可以给人带来许多变化，但是最让人内心为之一震的变化就在于让人洞察到了自身的局限，那种感觉就像是体内顽固观念被化解，你开始超越自我。

有人会选择逃避，但那些内心真正有力量的人却会选择接受磨难的考验，用体内的力量去保持自己的活力，有勇气去面对自己的弱点和生命当中的惨淡，这才是坚持到终点露出笑容的真实原因。它无关乎成绩、名次，它所透露出的是生命的质感和张力。"

“痛楚难以避免，而磨难可以选择”是很多跑者坚持跑步的理由之一。在那些跑者看来，人生处处都有“痛楚”，比如精神空虚，受焦虑、抑郁、忧虑甚至痛苦等负面情绪的纠缠以及病痛等，而我们可以用跑步的短暂的“磨难”去化解精神方面的长久的“磨难”，这就是延迟满足感所强调的生活理念。

那些能坚持跑步的人，通常都具有极强的延迟满足能力。因为相对于眼前即时的快乐而言，他们更在乎追寻深层的人生意义。现代心理学发现，热爱跑步的人，通常更热爱追求深层次的意义，而非浅层次的快乐。快乐是一种指向当下的、积极的情感状态；而意义则关乎更广泛、更深层次的价值追求。

随着物质的丰富与科技的发展，我们很容易活得舒适，几乎不可能再置身于极寒、极热、非常饥饿或筋疲力尽的状态中求生存。但热衷跑步的人，即便并不明确自己追求的到底是什么，但当他们安静地奔跑着，在此过程中经历着脚步沉重、呼吸困难等种种痛苦，跑步本身已经成了体验延迟满足感的一个过程。所以，跑步的意义绝不单单是强身健体，它更像是一把缓缓转动的钥匙，跟随着时间的齿轮一起转动，它开始的是新的人生体验，开启的是一扇全新的人生大门。

那么，在现实生活中，我们具体该如何将跑步这件事坚持下去呢？

1. 在心情不佳的时候，去尝试一次跑步。对于不经常运动的人来说，刚开始奔跑绝对是一件极痛苦的事。所以，迈出第一步很难。但当你心情不佳时，与其被坏情绪折磨，不如穿上跑鞋，随时随地开启一段跑步旅程，刚开始你可以跑得慢一些。等你开始出汗，心率加快，坚持几公里后，你停下来便能尝到那种畅快淋漓的快乐的感觉了，那些坏情绪已经被一扫而空了。当你有了这次绝佳的体验后，你便有了下一次乃至下下一次跑步的动力。

2. 注重仪式感。如果你刚开始跑步，最好固定好跑步时间及跑步的地方。如果你是已经跑了一段时间的跑者，固定好自己每周的跑步频次与每月的跑量目标。比如每天晚上 7 点，奔赴郊野公园或是体育场，穿上跑鞋出门，将跑步这件事看成和异性的约会！当你有了许多次良好的体验后，你便会对跑步这件事上瘾了。

3. 可以找到一个（一群）跑步的小伙伴：两个人一起跑步会比一个人轻松一百倍，你们可以事先商量好今天跑多少，然后边跑步边聊天，这样跑下来，即使跑 10 公里都会有才跑了 5 公里的感觉，另外这个方法可以让你拥有许多朋友，因为跑步的时候是大家心情最放松的时候，而且跑步的时候大家的心情会很愉快。这有助于增加你的跑步愉悦的体验，进而增加你将跑步这件事坚持下去的动力。

4. 如果你觉得坚持是一件极困难的事，那不妨可以以打卡的方式督促自己。比如，你可以在微博打卡，每次想偷懒的时候就会告诉自己不行，不跑今天就不能打卡了，你也可以找一些朋友在线上打卡，比如在微信群里，每天看看大家都付出了多少努力，有一个充满正能量的小伙伴的群非常重要。

5. 给予自己奖励：这应该是激励自己的一个方法，比如，当自己跑满 100 公里时，可以去买一双好的跑鞋，当自己跑满 500 公里时去买一套新的运动服之类的，当你拿到给自己的奖励的时候，你会有新的动力去努力。

6. 不断地用其他人坚持跑步的人的事例去激励自己。比如你觉得自己最近充满了负能量，对跑步这件事丝毫提不起兴趣，这个时候，你可以去看一些具有激励性的视频，一些关于自律的励志性的演讲。当你看完它们，内心便会被激发出一股力量，你可能就会告诉自己：无论如何都要出去跑。要想达到目标，就要去不断地超越自己，就要勇敢地去突破自己，你可以失败，但绝不能自我放弃。

## 旅行是人生的一种“扩张”

旅行，能增长我们的见识，扩大我们的眼界，提升我们的格局，是降低人生信息熵的有效方式之一。同时，它也是排除内在情绪熵的有效方式之一。当我们每天对着越来越先进的通信设备，看着身边车水马龙、灯红酒绿，我们的感官越来越麻木，灵魂越来越乏味，内心越来越混乱，置身于纷杂的都市中，我们甚至都忘记了这麻木的生活有何意义，也记不起自己多年前的铮铮誓言。这个时候，如果你能抛开一切，背上行囊来一场说走就走的旅行，我们的心灵则会得以净化，会让我们以全新的姿态去面对工作和周围的一切。

过年的时候，家庭聚会聊天，刘雷一家都在计划着明天过了春节的一次旅行。刘雷的弟弟说：“我想去长沙和桂林！”而他旁边的一位姐姐说：“真羡慕你，我都不敢一个人去外地，老板让我去外地出差我都唯恐自己走丢了不敢去，你说外地有多乱呀，经常有……”说实话，刘雷的这位姐姐今年35岁，要不是曾和他一起坐火车去过一趟省城，她都不知道火车该怎么坐！别人每次与她一聊天，她总是会皱着眉头说：“听谁说那个地方超级不安全，那个地方的人素质不怎么样！那个地方经常宰客，我可不敢去！”在她眼里，这个世界处处都是不堪的。现实中的她当然也是十足的无趣者。她这半辈子过去了，除在单位混日子外，回到家里就是围着灶台和孩子转，目光狭窄、遇事毫无主见，每次遇到丁点儿事情便觉得不得了，每次都跑回娘家让家里人帮着出主意，于是经常逢人就抱怨自己的不如意，比如说孩子怎么怎么不听话，学校的老师怎么怎么散漫、不负责任，老公怎么怎么不关心她，貌似全世界都对不起她……总之，满满的负能量。

而刘雷那位爱旅行的弟弟听到我的这位姐姐那么说，只是笑而不语。刘雷问他："你为什么不告诉她，外面的世界其实没有她想象的那么不堪！"弟弟说："对于一个思维固化的人来说，一切语言都会显得苍白无力！一个人内心充满着负能量，看待外面的世界也是负面的！"

刘雷的弟弟是个背包客，自十几岁开始，只要一有空便会去徒步，用他的话来说，只有将世界亲自装进自己的行囊中，才能更为深刻地认识它。这几年来，他经常独自去爬高山、穿沙漠、看海洋，他说，大自然的一切他都不想错过，为此，他永远保持着对世界的好奇心。

他说，旅行最大的意义在于总能发现一个全新的自己。在澳州一次偶然的海底潜水，他发现了自己当下做的工作并不适合自己，于是回到北京后立即换了另一份工作；在瑞士一次登山的过程中，他突然找到了新的奋斗目标，自此后他开始对自己的人生进行了一番规划。旅行使他见多识广，让他变得自信，进而使他迸发出平和、自然的气质。同时，正是旅行让他不会在物质世界中迷失方向，因为他的心里装着全世界。

同时，旅行也让他看到和感受到了许多新奇的事物，它们能不断地刺激他的感官，让他愿意去尝试自己未知的东西，进而对生活充满好奇。

……

有人说，世界是一本书，不旅行的人只了解其中的一页。旅行能让你多一些见识和丰富你的人生阅历，进而能让你的大脑多一种思维方式。面对生活中的人与事，有些人只会钻牛角尖，只有一条路可走；可当你大脑中的思维方式多了，看问题便会更加全面和客观，更有利于你自身的发展。所以，从这个意义上讲，旅行，很多时候是人的一种"扩张"运动。你到达一个地方，感受当地的人文，就意味着你个人认知的扩张，意味着文化和思维的扩张，意味着智力的扩张，更意味着生存空间的扩张，很多时候，它还能为你的人生乃至事业找到另一种可能性。

比如马云，这位引领数万员工与他一起开拓梦想、创造了企业年交易额超过一万亿元的矮个子男人自比为"骑着老虎的盲人"。他最初和许多人一样不知未来在哪里。他曾经当过小工、摆过地摊，参加了三次高考才考上大学，后来他当过几年老师，开了一家翻译社，直到偶尔的一次外出遇见了互联网，他才真正找到了自己的梦想。

为此，当你禁锢思维、自我退化，收缩自我生存空间，愿意待在自我狭小的空间里“发霉发臭”时，那就别在别人口若悬河、说那些你从未听到过的新鲜有趣的事情的时候自怨自艾，在扼腕中叹息自己的浅薄无知和见识狭小。

当然了，这里所说的旅行并不是简单的到一个陌生的地方吃、住、逛、赏、玩、乐，更不是指你约几个朋友，费老大劲，翻山越岭地到了“远方”后，只是在风景秀丽的地方围坐着，无聊地玩几天手机或打扑克。如果这样，你只能感觉到发自内心的累。真正的旅行，是行走与游玩的结合，在旅行中感受不同的风土人情，了解迥异的社会与文化环境。它并不需要大量的准备，因为，只要有时间，有一颗想要出去感受不同的心，有勇气且果敢，旅行便可成行。当然，若是有几个志同道合之人，那么这段旅途将会更加完美。

愿你能勇敢地从沉闷的生活里迈出去，外面接连不断的“变化”会打破你僵化的思维，也能唤醒那被生活消磨的沉寂的灵魂，为人生开辟一番新的天地。

## 用微小的习惯给人生做熵减

很多人做事设定了目标后，下定了决心开始改变自己，但迟迟难以迈出脚步，总愿意停留在当下的舒适圈中而不愿行动，最终让目标永远停留在想法上。导致他们无力给人生做熵减的原因在于，他们高估了自己的内驱力。同时，采取的实现目标的策略不对。

心理学研究也表明，人们总是会习惯性地高估自己的内驱力。多数人雄心勃勃，却总也无法行动起来，其中一个重要的原因是欲望与能力的不匹配。比如说一个毫无写作功底的人想成为作家，为了达成这个目标，他给自己立下了规矩：每天必须坚持写 5000 字来练笔。5000 字是个巨大的挑战，因为其文字功底太差，每天坚持 5000 字的阅读量都是难以实现的事，别说一天要写出 5000 字的文章了。于是，在计划开始的第一天，他便开始执行这项“艰巨的任务”。他摊开纸和笔，心里想着要完成今天的任务，但他发现自己根本无从下笔。终于，几个小时过去了，他磕磕绊绊勉强只写了几百个字，而且里面还有诸多语句不通、语法错误等问题，拿起来读，觉得自己写的什么也不是。这时，他的心理便受到了沉重的打击，于是便放弃了自己的“作家梦”，甚至还会觉得自己真不是这块料。所以，要用持续的努力给人生做熵减，要让自己在更多的领域内去发展，就要懂得去调整自己实现目标的策略。比如，为了让自己将阅读这件事坚持下去，我们可以为自己立下这样的计划：每天阅读 1 页书，写出 10 个字以上的读后感，就很容易让自己坚持下去。然后，每天给自己一些挑战，比如第一天只看了 1 页书，写出了 10 个字以上的读后感，第二天，要求自己看 1.5 页，写出 15 个字的读后感……这样一天比一天多，那最终，他的目标可能得以实现。这便是微习惯的力量，即设定目标后，每天通过完成一些细小的目标，通过长时间的坚持，让自己养成一种习惯，从而让自己彻底地改变，最终达成大目标。

欧内斯特·海明威说过：持之以恒，不乱节奏，维持秩序感，对于长期写作实在至为重要。实际上，一个人一旦制定目标后，再依照目标使自己的生活节奏或习惯得以设定，其余的问题便可以迎刃而解。

三年前，刘华是一家文化公司的员工，每天的工作就是写文案，挑拣出错别字，单调而枯燥，而且收入也极低。但他的全新的人生却因为一个深蹲动作而彻底改变了。

三年前的年末，公司开完年会便宣布放假。回到家中，刘华思虑万千，对自己那一年的总结语是：很不满意。他这样写是有理由的：工作遭遇到了瓶颈期，难以突破；由于过得空虚，他觉得自己每天都活得死气沉沉，疯狂熬夜打游戏，身体状况越来越糟糕，一年中每每换季之时准会感冒，而且每次感冒持续的时间都很久。年末单位组织体检，体检报告上多处都亮了红灯，医生给他的忠告是：以后少熬夜，多注意休息……这一年糟糕的体验，让刘华在纸上写下了新年愿望：活得更精彩和健康一些。他暗暗下定决心，一定要早睡早起，不让自己再沉浸于“垃圾快乐”中无法自拔。他要让自己突破工作“瓶颈”，要回归健康的生活状态。

那一天，刘华想了许多：记得从高中时起，他就一直想将锻炼身体培养成一种习惯。尽管他也付出不少努力，但中间有几次都因为各种各样的原因而放弃，还有几次甚至连原因都没有就直接放弃了。那天他想着自己的体检报告上的数字，他觉得自己必须要行动起来了。那天毕竟是个表决心的日子，他想赶在新年来临之前有所行动，所以决定用原地锻炼 30 分钟的方式开一个好头，争取通过一年时间的锻炼，让自己的体重减掉 30 斤。

而接下来，他站在那里，一动不动，毫无动力。他试着用平时激励自己的那句话：“加油啊！要成为更好的自己，必须加倍努力才行。”随后，他又打开手机，播放运动音乐，幻想着自己能拥有职业运动员那样健硕的体魄。但各种方法试过后，一点作用也没有。他觉得自己像个废物，还没开始便又放弃了。那一刻，他立下的 30 分钟的运动计划和决心，像攀登珠穆朗玛峰一样困难。他完全不想锻炼，感觉自己特别失败。实际上，并非如此，他猛然醒悟到，让他迟迟无法行动的不是运动本身，而是他已经被这 30 分钟锻炼要花的时间与精力吓到了。要让自己在一年内瘦掉 30 斤，要达到这个目标还需要付出一年的努力，这真的有点吓到他了。他感到沮丧和惭愧极了，不知所措，自己什么都还未干，却开始心灰意冷了。

后来仔细想想，如果不是让自己做 30 分钟的挥汗如雨、浑身酸痛的运动，而只是做一个深蹲动作会怎么样？他告诉自己：不必多做，仅仅做 1 个就够了。这正好与他刚开始的痛苦体验相反。最终，他苦笑着打消了这个想法，觉得自己真是“太可悲了”，一个深蹲动作能改变自己什么呢，自己得多锻炼才行！可每当他想按最初计划行动时，又难以坚持下去了。因为30分钟的深蹲运动计划让他感到害怕。最后他心想："管他呢，就只做1个。"于是，他弯下身子做了1个深蹲动作。自此以后，他的人生开始走向了光明。这1个深蹲动作体验当然是痛苦的，因为长时间不运动，为了让动作更为标准，他的双腿的肌肉像要裂开了，气喘吁吁。可是，既然已经摆好架式了，那就索性再做几个。每多做1个，他的迟钝的肌肉和顽固的大脑都会无比痛苦。这时，他站起身，这总比什么都不做强吧。他为此高兴极了，这是他第一次战胜自我。此时，他心想"今天的运动量就到此为止吧！"紧接着，他打算再挑战一下自己：再做一个俯卧撑，如此简单的要求没什么好拒绝的吧！就这样，他趴下身子，完成了1个俯卧撑的标准动作。然后，觉得已经摆好了姿势，不如索性再多做两个，反正觉得自己还能撑得下去。这时，他的肌肉活动便又开始了，又接连多做了好几个。

万事开头难，那时他的身体很差，内心难免对运动有抵触心理。于是，在接下来的几天，他采用相类似的策略，每次都给自己设立极小的运动目标，然后再让自己通过挑战，争取比前一天多做几个运动。就这样，他终于将运动的计划坚持下来了，到现在已经两年过去了，如今的刘华已经可以一口气做40个俯卧撑，在20分钟内完成几百个深蹲动作。他的身体开始变结实了，肌肉也练出来了。

这种锻炼正在变成惯性，即使是面对如此微不足道的挑战，他每天也会觉得那是件了不起的事情。定期的锻炼让运动变得越来越简单。正因为有了这样的正能量经历，那一年中，他毅然辞掉了工作，打算在家写文章，做公众号。与第一次开始运动时的感觉一样，他每天是痛苦的。他要求自己每天坚持阅读，准时趴在电脑旁边写作。他只给自己制定较小的目标，比如每天只读半页书，每天只写几个标题。接下来的每一天，他开始不断地挑战自己，从最开始的半个月更新一篇文章，到如今的每日都更新，他的粉丝量也是积少成多，如今他的收入极为丰厚。

刘华的改变就始于一个深蹲动作，就因为这个深蹲，让他成为了更好的自己。如今的他，从原来的体弱多病，到现在的身体康健。他每天都忙着读书、写作和运动，偶尔会出去旅游，增加见识，生活过得异常精彩。也正是从三年前的那个深蹲动作开始，他的人生开始出现了诸多美妙的变化。

每一个伟大的成就都是建立在之前打好的基础之上。追根溯源，你会发现一切都开始于那一小步。所以，如果你是个行动力极差的人，比如做事情容易半途而废，自己的精力很容易被那些能让自己获得“即时满足”的快乐所消耗掉等，那就让自己从微小的一个行动开始改变。每天完成一点儿事，积累起来就形成了一辈子的固定的习惯。

当然了，要拣选一件能让自己一辈子坚持做下去的事情是件不容易的事。而如果你给自己两年的时间去改变，去养成一种习惯，从而最终去实现一个对于你来说是极为“伟大”的目标，那却是件容易的事。比如，你可以尝试练习一项你一直想要开始的运动，然后成为高手；你可以制定某项早间习惯，让它从深层次影响你的情绪和状态；你可以每天开始冥想，这样可以加强你的自我意识，提高你冷静应对问题的能力；你可以开创一项业余事业，并让它走向成功。在我们人生的长河中，两年的时间根本算不得什么，也很容易被我们白白地浪费掉。但如果你通过一些微小的变化，实质性的付出和坚持，你就可以变得更有价值。这就是给人生做熵减。所以，从现在开始，你每天早晨起来都面对两个选择：是积极努力还是消极度日。如果多数时间，你选择后者，那两年时间也是转眼即逝；如果你选择前者，每天有目标地积极前进，两年就意味着有更多的时间。不同的选择，造就了不同的命运。如果你每天都足够努力，没有什么事情是你两年无法实现的。开始做你一直想做的事情，对于年少的梦想来说，你永远不会老，只要你想，你还是能去做极限运动，你还是能够去学习一种乐器，你还是能成为一个舞者或者是摄影师等。从现在开始的两年时间，只要你真的想要，你就能变得很厉害。不要让你的过去决定你是谁，也切勿因贪图一时的满足感而让许多梦想在岁月中被荒废掉。别轻易让恐惧支配你，不要让社会标准囚禁你，年龄只是一个数字而已！我们每个人都应该被赋予独特性，并且与自己的局限性作斗争，每天做你喜欢的事情，哪怕只有几分钟，你也会享受这个过程！

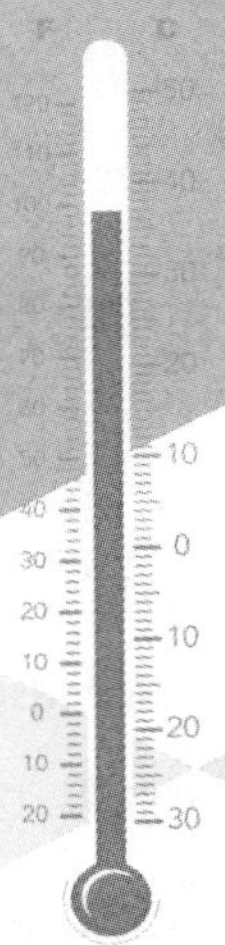

# 第六章

# “反熵增”法则：有策略地塑造更好的自己

生命的意义在于反熵增，即从外部摄入新能量，不断地强化自己。本章以与反熵增相关的心理学效应为切入点，让我们用更高维度的视角去审视当下的自己，提升自我认知能力和内驱力，用法则和定律持续性地去践行“负熵”。罗森塔尔效应、马蝇效应、德西效应、霍桑效应、帕累托定律等这些心理学效应和定律，可以帮助我们实现个人思维的进级，从而促使我们用持续性的行动塑造更好的自己，让自己更智慧、更有策略并持续性地变成更好的自己。

## 罗森塔尔效应：积极的暗示能产生强大的内驱力

在1968年的某天，美国著名心理学家罗森塔尔与助手们来到一所小学，说要进行七项实验。他们从一至六年级各选择了3个班级，对这18个班的学生进行了“未来发展趋势测验”。之后，罗森塔尔则以赞许的口吻将一份“最有发展前途者”的名单交给了校长与相关的老师，并嘱咐他们务必要保密，以免影响检测的准确性。其实，罗森塔尔撒了一个“权威性谎言”，因为名单上的学生是他随便挑出来的。8个月后，罗森塔尔与助手们对那18个班的学生进行了复试，结果真的出现了奇迹：凡是上了名单的学生，个个成绩都有了极大的提升，而且性格也变得开朗活泼，自信心增强，求知欲旺盛，更乐于与他人打交道。

显然，罗森塔尔的“权威性谎言”发挥了巨大的作用。这个谎言对老师进行了暗示，左右了老师们对名单上学生的能力的评价，而老师又将自己的这一心理活动通过自己的情感、语言和行为“传染”给这些学生，使学生变得更为自信、自强、自爱，从而使各个方面得到了异乎寻常的进步。后来，人们将像这种由他人（尤其是像老师和家长这样的“权威他人”）的期望和重视，而使人们的行为发生也期望趋于一致的变化情况，称为“罗森塔尔效应”。

“罗森塔尔效应”的实验实际上告诉人们一个道理：语言上的激励，能增强人的内驱力，使人获得源源不断的改变自我的力量。这个过程即从外部获取力量，排除自我内在熵增的过程。

卡耐基在很小的时候，他的母亲便去世了。父亲是个个性粗暴的人，经常在言语上伤害他。就是这样的生活环境，让他成了一个自卑、敏感的孩子。可就在卡耐基9岁的时候，父亲又娶了一个女人。在继母刚刚进门的那一天，父亲便指着卡耐基向她介绍说道：“以后你可千万要提防他，他可能是全镇公认的坏孩子，说不定哪天你就会被这个倒霉蛋害得头疼不已。”

听到这样糟糕的评价，卡耐基极为沮丧，他想，继母听了这样的话，一定不会接纳自己的，而自己也并不打算接纳这位继母，而且还有意无意地躲避她。在他心中，一直觉得“继母”这个名词会给他带来霉运。但继母的举动却出乎卡耐基的预料，她微笑着走到卡耐基的面前，抚摸着卡耐基的头，然后笑着责怪丈夫道：“你怎么这么说呢？”

继母的话深深地打动了卡耐基，从来没有人对他说过这种话，即便母亲在世时也没有。就凭着继母这句话，他开始试着与继母友好相处，建立友谊。也正是因为这一句话，成为激励他的一种动力，使他日后创造了成功的28项黄金法则，帮助千千万万的普通人走上成功和致富的光明大道。

他人的赞扬、积极的肯定和期望，给我们的身体系统提供了一种积极的能量，促使我们去改变自己，降低人生的熵增值。当一个人获得他人，尤其是权威人士的信任、赞美时，在其心理层面便等于获得了一种社会支持，从而增强了自我价值感，个人将会变得自信、自尊，从内而外会散发一种积极的能量，并尽力去达到对方的期望，以避免对方的失望，从而维持这种社会支持的连续性。这便是罗森塔尔效应对个体的熵减。

台湾地区著名作家三毛在散文《一生的战役》中写道：“我一生的悲哀，并不是要赚得全世界，而是要请你欣赏我。”这个“你”便指他的父亲。

有一天深夜，父亲读了三毛的这篇文章，给她留条道：“深为感动，深为有这样一株小草而骄傲。”做女儿的三毛看到后“眼泪夺眶而出”。三毛写道：“等你这一句话，等了一生一世，只等你：我的父亲，亲口说出来，扫去了我在这个家庭用一辈子也消除不掉的自卑和心虚。”

积极的暗示能在一定程度上激发人的正能量，增强人的内驱力，使人生向更有秩序、更好的方向发展。而相反，如果外部有人为你传递的是一种不良的暗示，那么，我们就要懂得避免消极评判对我们个人的影响，尤其是这些不良暗示中包含贬低、歧视等，这种消极的外在能量也能作用于我们自身，使我们变得消极和自卑，增大人生的熵增值。那么，在生活中，我们该如何避免一些消极的评判所带来的影响呢？

其一，面对他人的否定，我们首先要做的就是接纳。面对他人的评价，很多人第一反应就是排斥、反感，进而造成内在的冲突，消耗自我能量。要知道，但凡被你排斥的，其力量会变强，进而真的影响我们。而接纳意味着是在削弱这些负面评价对我们的影响。所以，聪明者会谦虚地接纳它，并懂得对这些负面评价进行自我反思，即站在理性的角度，冷静地分析这些评价是否属实。反思是一个极好的学习过程。当然，这个过程可能并不愉快，但它确实能够让我们扬长避短，成为更好的自己。

其二，对不属实的负面评价，大可不必放在心上，专注做好自己的事情就好。面对他人的否定或负面评价，我们通过自我反思后觉得对方的评价不够客观，或对方是因为嫉妒心理而对你进行了恶意攻击，这时我们要做的就是专注于自我，专心做好自己的事就可以了。要知道，面对否定或负面性的评价，极为有效的一点就是专注于提升自我。人可以有不足之处，但也可以通过自己的努力改善不足之处，不断弥补自己的不足。这样负面评价就会随之减少，你的困扰也就没有了！

## 马蝇效应：外界的压力能驱使你奋勇向前

在这个快马、黑马层出不穷的时代，有些年轻人却甘愿当慢马，整天抱着得过且过的心态，浑浑噩噩地混日子，日益陷入颓废的境地，使人生持续不断地熵增。这种状态是我们陷入痛苦状态的根源。很多时候，我们也痛恨这种状态，可怎么也摆脱不了身上的惰性因子，不知道该如何激活自己，遇到这种情况该如何是好？答案是时刻鞭策和激励自己。马在没有被蚊虫叮咬时，总是悠哉乐哉地缓步徐行，一路上走走停停，行进的速度比牛快不了多少，但一旦被马蝇叮咬，就再也不敢怠慢了，立即脚下生风，跑得飞快。这就是所谓的“马蝇效应”。马蝇效应告诉我们：一匹懒惰的马，如果受到了适当的压力和刺激，就会变得精神抖擞。人亦如此，没有压力就没有动力，要改掉我们身上的懒惰因子，就必须给自己来一点压力。

无论在工作或生活中，我们的身边都存在各种各样的“马蝇”，我们之所以感受不到被叮咬的刺痛，是因为自己的感觉神经太过麻木了。人生最大的危机莫过于没有危机感，人类社会的竞争残酷程度不亚于凶险异常的大自然。这是一个“大鱼吃小鱼、快鱼吃慢鱼”的时代，物竞天择是永远颠扑不破的真理，萎靡散漫必将惨遭淘汰。在自然界中，一只翠鸟向下俯冲的速度只要慢了一秒，它就会铩羽而归，久而久之会因为捕不到鱼而活活饿死。同样一只鱼的反应速度只要比翠鸟慢了一秒，它就会成为猎食者的美餐。在非洲大草原上，每当新一天的太阳升起时，母狮都在教育自己的孩子：你必须跑得足够快才能生存，如果追不上最慢的羚羊，就没有食物可吃。母羚羊也在教育自己的孩子：如果你不能跑过最快的狮子，就将成为猎食者的食物。同样的道理，如果我们不够努力，不能成功驯服自己身上的懒惰基因，就会被竞争对手赶超，很有可能因此失去立锥之地。

在某个大城市里，有许多的电器经销商经过明争暗斗的市场较量，在彼此付出了极大代价后，有美乐和万多两大品牌脱颖而出，最终他们两家成为最强硬的竞争对手。

有一年，美乐为了增强市场竞争力，采取了极度扩张的经营策略，大量地收购、兼并各类小企业，并且在各市县发展连锁店。但因为实际操作中有所失误造成信贷资金比例过大，经营包袱过重，其市场销售业绩反倒直线下降。这时，诸多业内人士纷纷提醒万多的经销商，应该主动出击，彻底击败对手，进而独占电器市场。

美乐却微微一笑，始终不采纳众人提出的建议。

在万多最为危难的时候，美乐却出人意料地主动出手援助，拆借资金帮助万多渡过难关。最终，让万多的经营状况日趋好转，并且一直给美乐的经营施加着压力，迫使美乐时刻面对着这个强有力的竞争对手。

在当时，很多人都嘲笑美乐的心慈手软，说他是养虎为患。可美乐却丝毫没有后悔之意，只是殚精竭虑，四处招纳人才，并以多种方式调动手下的人拼搏进取，一刻也不敢懈怠。

就这样，美乐和万多在激烈的市场竞争中既是朋友又保持着对手的关系，彼此绞尽脑汁地较量，双方各有输赢。多年后，美乐和万多都成了当地赫赫有名的名牌产品。

面对事业如日中天的美乐，当记者提及当年的“非常之举”时，美乐方面一脸平淡地表示击倒一个对手有时候很简单，但没有竞争对手又极为乏味。企业能够发展壮大，应该感谢对手时时施加的压力，正是这些压力化为想方设法战胜困难的动力，进而使企业在残酷的市场竞争中，始终保持着一种危机感。

保持必要的竞争是一个系统成长和发展的动力，哪怕是一种竞争的假象，也会形成一种良好的氛围。这是一种生存智慧，也是事业保持快速发展的有效之道。所以，对于我们个体来说，要想祛除身上的惰性，让生命保持必要的活力，就必须要给自己寻找一个竞争“对手”，激发自己的内驱力，从而成就更有秩序、更高质量的人生。

## 德西效应：兴趣才是最好的内驱力

降低人生熵增值的关键在于提升内在驱动力，让自己获得持续给人生做功的动力。提升内驱力，除积极的心理暗示以及给自己增加压力外，还有一个极为有效的方法，即适当的奖励。对此，美国心理学家德西认为，适度的奖励有利于巩固个体的内在动机，但过多的奖励却有可能降低个体对事情本身的兴趣，降低其内在动机。他曾用实验的方法验证了自己的理论。实现分三阶段进行，以解题的方式测试大学生的智力。第一阶段，让学生在没有奖励刺激的情况下解题。第二阶段，把学生分成了两组，其中一组每解完一道题就能得到 1 美元奖励，另一组则没有。第三阶段，让学生们自己安排休息时间。结果表明，获得奖励的学生解题时表现得更为积极，但在第三阶段却对解题失去了兴趣。由此可见，人在从事某件事情的时候，内在的动机才是持久的，外部刺激的效果是短期的，奖励越多，人对奖励的需求就会越大。德西效应告诉我们：外界的奖励或激励所起的作用是短暂的，只有兴趣才是最好的内驱力。所以，生活中，要保持生命的活力，必须要不断地激发自己的兴趣，对新生事物保持好奇心。

刘波是一位公司新入职的员工，他的学历并不高，更没有名校毕业光环的加持。但他能从近百个面试人员中脱颖而出，最终被公司录用，主要在于他拥有强烈的好奇心。也正是因为这份好奇心，使刘波获得了不断成长的驱动力。

刘波刚开始在生产部做产品经理，在工作的过程中，他对公司客户的流失原因极为好奇。于是，他便试图去分析用户流失前的行为轨迹与心理变化。然后通过改进产品来满足客户的心理需求。这个时候的他，已经不再是应付领导的工作，他也不在乎做出成绩后能获得多少奖金，而是为了满足自己的好奇心去工作。在这样的内驱力下，刘波每天总是加班到很晚，不断地钻研和改进产品，为公司挽救了诸多的客户。

之后，刘波在与销售部的沟通过程中，对销售部门的数据分析产生了极为浓厚的兴趣。他开始分析单据上每组数据背后所隐藏的信息与用户特征。刘波觉得这是一项极为有意思的工作，每组数据都被他研究出极有意思的结论，为公司进一步挖掘出了一大批新的客户，这也让数据分析部门的工作人员极为吃惊。而数据分析是个极为枯燥的工作，刘波做起来却丝毫感受不到枯燥，反而觉得有趣十足。

刘波的经历告诉我们，兴趣才是最好的内驱力，也是促使我们能够不断地给人生做功的内在动力。外在的奖励只能激发人一时的兴致，而好奇心、兴趣则能促使我们持续不断地为人生做熵减。

那么，在现实生活中，我们该如何使自己保持足够的好奇心，培养广泛的兴趣呢？

其一，每天阅读报纸、刊物。阅读自己感兴趣的文章，同时对于不太感兴趣的也要稍微关注。将注意到的关键问题罗列出来，然后分析文章中事件产生的根源。当你养成了深入地去探究问题的习惯，你就会慢慢地对周遭的事情感兴趣了。

其二，多到自然界中去探索未知。大自然以其绚丽多姿的景象和奇妙无比的变化能够引起我们的好奇心，所以，生活中我们不妨多到大自然中去，让自己多去观察大自然中各种虫草花鸟的变化，从而使自己的心灵得以净化。无疑，这一切都是激发自我好奇心、培养自我兴趣的有效方法之一。

其三，像孩子一样，多思考几次“为什么”。在与他人交谈中，我们不妨多涉足一些不同的领域，以激发自己的好奇心。

## 复利效应：时间视野决定人与人之间的差距

在生活中，运用复利效应是人对抗人生熵增的有效方式之一。熵增定律的核心就是持续做功，即让个人或者组织利用强有力的内驱力去做功。如果我们能正确地理解复利效应，坚信只要持续性地做正确的事，时间可以让我们完成蜕变，那么我们便能获得持续做功的内驱力。

何为复利效应？经济学家常用一个公式表达复利效应，该公式为：$(1+r)^n$。在这个公式中，$r$ 代表你正在做的事情，$n$ 代表时间。当 $r$ 为正数时，比如你每天坚持学习半小时，短时间内你和别人的差别无法显现出来，但几年、十几年后，差异则是不可估量的。这是以持续性给人生做功的量变方式，使人生发生质变。

刘欣是一所培训学校的英语老师，她自入职后坚持每天雷打不动看书2个小时。几年之后，他在网络上开设了一个专栏，分享自己所学到的知识。这个专栏最后卖了十几万份，让他获得了不菲的收入，真正实现了财务自由，做这个事情用时不到5个月。

刘欣运用的正是复利效应。其本质就是：做事情A，会导致结果B；而结果B又会反过来加强A，不断地循环。只要$r$为正，只要你在做正确的事情，时间就会为你带来奇迹，人生也会发生根本性的质变。

如下图所示的复利曲线图：

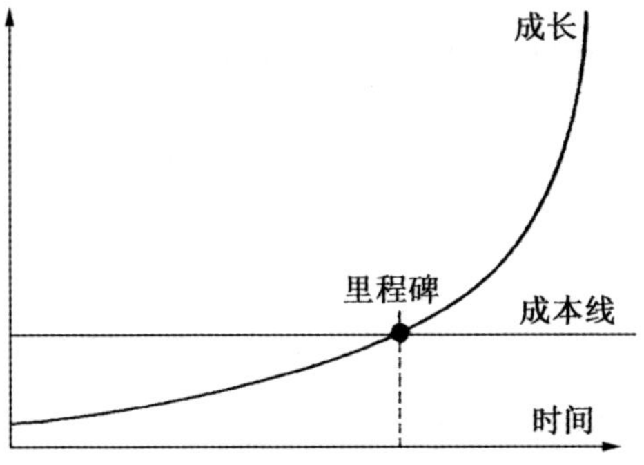


你的未来

复利效应告诉我们，要对抗人生的熵增，就必须要持续不断地去做正确的事，用量变换取质变。同时，要让自己持续不断获得做正确事的内驱力，就要培养自己的时间视野。人与人之间的差距是如何拉开的？一个人是否拥有“时间视野”是极为关键的因素。

哈佛大学的爱德华博士，他用差不多半个世纪的时间，一直在研究为什么有的个人或家庭能够通过一代又一代人的努力，从较低的社会阶层上升到较高的社会阶层。甚至有的个人或家庭是从最低级的劳动者的阶层，通过一代人的努力便上升到富裕阶层，为何这种事情只发生在少数人的身上，而不是大多数人的身上。

2015年，有人统计美国共有1000万个百万富翁，甚至有很多都是白手起家。他们在一辈子的劳作中，一跃成为美国的富裕阶层。爱德华博士对此非常好奇，他进行了半个世纪的追踪调查。最终，通过大量的数据研究得出了一个极为普通的、不可辩驳的结论就是：一个人的“时间视野”是实现一个人阶层跃迁的最直接的一个原因。他将整个社会从低到高分为七个阶层，结果他发现，越是上层阶层，其“时间视野”便会越宽阔。也就是说，经济阶层越高的人，他越会用长期的思维方式来做决策或判断。不管他们来自哪里，有着怎样的教育水平，或者当前的社会地位是怎样的，在所有的各种条件中，个人“时间视野”的不同，造成了人与人财富的差异。而这正应了那句老话，即“钱不入急门”，也就是说，越是心急火燎地想赚“快钱”的人，也就是“短视”的人，实际上越赚不到钱。

爱德华通过研究发现，一个人的“时间视野”和他的收入有着巨大的关联。最低的社会阶层，他们的“时间视野”通常有几分钟或者几个小时，他们过度地追求当下的满足感，得过且过。比如喝得酩酊大醉的时候，他们考虑的只是接下来的一次喝酒的事。他不会再考虑再过长远的事情了。而较高社会经济阶层的人，他们的“时间视野”会有几年或几十年或几代人，他们经常考虑的是未来。正如管理学大师德鲁克所说，一个领导者，尤其是商业领导者，最重要的事情就是思考未来。并且，在任何社会，他们都会考虑到未来几年或者几十年的发展展望。

巴菲特是一位投资大师，他经常做的就是长期思考。身为投资界精英的他，他经常想的就是未来几年或者几十年的事，想的是长期的收入。假如你有100万元，通过投资，每年能赚取20%的复利，10年后是619万元，20年后是3833万元，30年后是2.37亿元，40年后是14.69亿元，50年后是91亿元，60年后是563亿元，70年后是3488亿元，80年后是21602亿元……这样的奇迹在现实生活中是存在的。众所皆知的“股神巴菲特”依靠长达半个多世纪的投资，通过每年平均19.2%的稳定收益，于

2008年成为全球首富，并长期居于富豪榜前十名。

巴菲特在2006年《致股东信》中举了一个例子：

从1900年的1月1日到1999年12月31日，道琼斯指数从65.73涨到了11497.12点，足足增长了176倍，是不是非常可观？

那它的年复合增长是多少？答案极为令人惊讶，仅仅是5.3%。这个增长率意味着，你有一万块钱，每年才新增530块钱。不止巴菲特，每个普通人也能做到这个增长，但只有巴菲特能持续数十年地坚持。这就是复利所带来的魔力。很多人极为看重这个回报率，甚至今天努力了，明天就要求回报。在财富投资方面，别说年回报率5%，10%都觉得回报率太低。因为他们缺乏时间视野，开始追求高回报率，便四处借钱、贷款。但高回报率同时意味着高风险率，他们总是忍受不了短时期投入得不到回报的事情。所以说，这些人总是会掉进一个又一个坑里。

巴比伦金钱定律源于这样一个故事：

巴比伦出土的陶砖土中记载着这样一个故事：阿卡德是古巴比伦时期最有钱的人，他的富有让很多人都羡慕不已，因此人们纷纷前来向他请教致富之道。

阿卡德原来是做的是雕刻陶砖的工作，直到有一天，一位叫欧格尼斯的来向他订购一块刻有法律条文的陶砖，阿卡德说，他愿意连夜雕刻，到天亮时就可以完成，但是唯一的条件是欧格尼斯要告诉他致富的秘诀。

欧格尼斯同意这个条件，因此到天亮时，阿卡德便完成了陶砖的雕刻工作，欧格尼斯实践了他的诺言，他告诉阿卡德说：“致富的秘诀是：你赚的钱中有一部分要存下来。财富就像是树一样，从一粒微小的种子开始，第一笔你存下来的钱就是你财富成长的种子，不管你赚的多么少，你一定要存下十分之一。”一年后，当欧格尼斯再来的时候，他问阿卡德是否有照他的话去做，把赚来的钱省下十分之一。阿卡德极为骄傲地回答道，他确实照他的方法去做了，欧格尼斯就问：“那存下来的钱，你如何使用呢?”

阿卡德说:“我把它给了砖匠阿卢玛,因为他要旅行到远地买回菲利人稀有的珠宝,当他回来的时候,我们将把这些珠宝卖很高的价格,然后平分这些钱。”

欧格尼斯责骂他说:“只有傻子才会这么做,为什么买珠宝要信任砖匠的话呢?”

你的存款已经泡汤了!年轻人,你把财富的树连根都拔掉了,下次你买珠宝应该去请珠宝商,买羊毛去请教羊毛商,别和外行人做生意!”

就如同欧格尼斯所说,砖匠阿鲁玛被菲利人骗了,买回来的是不值钱的玻璃,它们只是看起来像珠宝而已。阿卡德再次下定决心存下所赚的钱的十分之一,当第二年,欧格尼斯再来的时候,他又询问阿卡德钱存的如何。

阿卡德回答:“我把存下来的钱借给了铁匠去买青铜原料,然后他每四个月付我一次租金。”欧格尼斯说:“很好,那么你如何使用赚来的租金呢?”阿卡德说:“我把赚来的租金拿来吃一顿丰富大餐,并买一件漂亮的衣服,我还计划买一头驴子来骑。”

欧格尼斯笑了,他说:“你把存下的钱所衍生的子息吃掉了,你如何期望它们以及它们的‘子孙’能再为你工作,赚更多的钱?当你赚到足够的财富时,你才能尽情享用而无后顾之忧。”

又过了两年,欧格尼斯问阿卡德:“你是否达到了梦想中的财富?”

阿卡德说:“还没有,但是我已存下了一些钱,然后钱滚钱,钱又滚钱。”

阿格尼斯又问:“那你是否还向砖匠请教事情?”

阿卡德说:“有关造砖的工作请教他们能得到很好的建议。”

欧格尼斯说:“你已学会了致富的秘诀。首先你学会了从赚来的钱中省下钱;其次你学会了向内行的人请教意见;最后你学会了如何让钱为你工作,使钱赚钱。你已学会如何获得财富,保持财富,运用财富。”

早在八千年前的巴比伦人就指出：成功的人都是善于管理、维护、运用创造财富。致富之道在于听取专业的意见，并且终生奉行不渝。

这五条金钱定律，对当下的我们也具有十分重要的指导意义。做投资首先需要有本金，所以你首先就得懂得延迟自我满足感，学会强制自己定期存钱，而不是钱一到手就马上花掉。就像古巴比伦人给出的建议：每个月留下收入的十分之一，这对很多人来说都不是难事。另外，要积累财富，一定要有“时间视野”，因为金钱是有时间报酬的，所以，长期投资才是真正可靠的理财之道。投资不可以贪图暴利，须懂得延迟自我满足感，因为贪婪是理财的大忌。

事实上，拥有“时间视野”，以长远的眼光看到几十年后的收获，是我们能不断地持续性地做正确的事情的内驱力，在这种内驱力的作用下，可以有效地对抗人生的熵增。

## 马太效应：持续性地积累你的个人优势

在现实世界里，很多资源都不是正态分布的。比如外表出众的人总是格外引人注目，且更容易讨人喜欢，得到的机会也比别人多，其貌不扬、各方面表现平平的人则常常备受冷落；富有魅力的人总是交游广阔，随时都能交到更多的朋友，而缺少朋友的人却一直形单影只；有头脑善于抢占先机的人，人生发展往往顺风顺水，得到第一桶金之后，个人资产便会像滚雪球一样翻倍增长，能力平庸者的日子则有可能每况愈下。也就是说强者愈强，弱者愈弱，好的愈好，坏的愈坏，多的愈多，少的愈少，这种现象就被称为“马太效应”。从熵增定律的角度来说，强者能够持续有力地对抗熵增，而弱者则对抗熵增的能力较弱，所以，我们就要通过持续性的努力，积累自身的优势。

《道德经》中有这么一句话：“天之道，损有余而补不足。人之道，则不然，损不足以奉有余!”意思是说：自然的规律，是减少有余的补给不足的；可人类的社会法则却不是这样，要减少不足的，来奉献给有余的人。这句话极好地诠释了自然界的熵增法则与人类社会的马太效应。大自然喜欢均衡，从物理学的角度说，高温物体的热量总要流向低温物体，这个过程是不可逆转的。而人类社会则是要将多余的也奉给有余的人，即强者恒强，弱者愈弱。强者通过持续性地逆势做功，不断地积累个人优势，从而吸纳更多的社会资源。而弱者则在懒散中被社会所淘汰。

马太效应是由美国科学史研究者罗伯特·莫顿提出来的，它所揭示的是社会上普遍存在的一种现象，即某一个体或群体一旦具有了绝对优势，就会获得更多的机会，从而形成一种优势积累。在这种情况下，强者会越来越主动，越来越强大，而弱者的处境则会越发艰难。罗伯特·莫顿曾经举例说：“对已有相当声誉的科学家做出的科学贡献给予的荣誉越来越多，而对那些未出名的科学家则不承认他们的成绩。”在科研领域如此，在其他领域又何尝不是如此呢？这也是平凡弱小者想要做出成就为什么那么难的根本原因。马太效应告诉我们，如果不想永远走下坡路的话，就必须通过持续不断地对人生逆势做功，保证自己在竞争中保持领先优势，然后不断壮大自己，形成一种优势积累，只有这样才能让自己成为强者中的强者，从而变得不可战胜。

本杰明·富兰克林出身寒微，一生只受过两年的正规教育，10 岁便被迫辍学成了一名制作蜡烛的童工，12 岁他开始进入印刷厂当学徒，随后成了一名印刷工人，这份繁重的工作他做了近十年时间。工作之余，他坚持刻苦自修，广泛阅读哲学、自然科学、历史、文学等各学科的书籍，还自学了四门外语。后来他创办了属于自己的印刷所，凭借精湛的印刷技术和良好的信誉，在竞争激烈的印刷界牢牢站稳了脚跟。

富兰克林在印刷界做得风生水起，但他不满足于现有的成就。神秘的科学现象就像吸铁石般吸引着他，他对电学产生了浓厚的兴趣，于是便大着胆子尝试了轰动世界的用风筝捕捉雷电的实验，这项实验使得他在科学界声名鹊起，为此他还赢得了英国皇家学会颁发的金质奖章，他撰写的著作也被翻译成了多种文字，在世界范围内引起了强烈的反响。随后富兰克林又发明了避雷针，成功将雷电通过金属杆引向大地。安装了避雷针的房屋在雷电的袭击下依然能保持完好无损，这项发明让人们看到了科学的力量，也让富兰克林成了科学界的名人。

富兰克林一生拥有多个身份，他既是伟大的科学巨匠和杰出的发明家，又是思想深邃的哲学家和活跃的外交家，而他的成功无不得益于最初的阅读积累，广博的学识成了他最大的优势和资本，使得他无论从事什么研究都更加得心应手，这也是他从一个微不足道的印刷工蜕变成精英人物代表的重要原因之一。

如果富兰克林没有持续性地为自己积累优势资本，他就会在马太效应的影响下，成为永久的弱者，很难有所成就。在我们身边，其实大部分人的人生起点都要比富兰克林要高，但是能像富兰克林那样彻底打一场漂亮的翻身仗的人并不多，究其原因主要在于我们没能让自己具备技压群雄的绝对优势，也就是说没能完成从弱者到强者的质的蜕变，因此不能从马太效应中受益，反而深受其害。要想扭转这种局面，我们必须通过持续性的努力，设法让自己变得强大，因为胜利只属于强者，唯有强者才能主宰自己的人生。

罗曼·罗兰曾经说过：“一个人要帮助弱者，应当自己成为强者，而不是和他们一样变成弱者。”在马太效应的影响下，弱者始终会处于弱势地位，他们的处境固然让人同情，但是同情并不意味着我们也要成为其中的一员。《蜘蛛侠》中有句经典台词是：“力量越大，责任越大。”我们要以自律的方式让自己成为有责任感能担当的强者，唯有如此，才能拥有美好的人生，同时帮助更多需要帮助的人。通过持续性地逆势做功，让自己强大起来吧，你只有变强才能掌控自己的人生，也只有变强才能为世界创造更多的福祉。

## 廷克定律：要做凤凰，必先与凤凰为伍

让自己拥有对抗熵增的内驱力，还可以运用廷克定律。廷克定律的提出者是英国管理学家哈罗德·廷克。他认为，如果一个人处于第二的位置，他就总会想着努力去争取第一。也就是说，如果一个人一旦处于第二的位置，便会自然而然地产生一种居于上流的荣誉感，会自然地产生不甘落至下流的心理；同时，因其距离“第一”只有一步之遥，便会产生一种追求第一的激情与活力。廷克定律告诉我们：要想让自己获得持续不断的内驱力，激发自身生命的活力，必须要让自己向高处看。当你处于高位时，你就会自然地滋生出一种向上的竞争意识，从而促使自己变得更强，位置站得更高。当然，廷克定律并非仅仅对“第二名”的人有启示意义，这里的“第二”并非问题的关键，而强调的是要勇于进取、全力以赴。任何一个具有“向上看”心态的人，即便没有走向顶点，结果也差不到哪儿去，因为他在不断地与人生的熵增对抗，这也是廷克定律的真正含义。

的确，要让一个人获得持续不断对抗熵进的内驱力，必须要置自己于高位，即懂得与优秀者为伍，激发自己的竞争意识，这种意识会使我们不断地学习和充电，从而成就最好的自己。但是不断向上的进取心态，也是需要你所处的外界环境或者与你周围的人去塑造的：当你处于第二的位置时，你就会自然而然地产生一种居于上流的荣誉感，会自然地产生不甘于落至下流的心理，这种心理会促使你持续做功，超越自我，变得更好。这就与我们平时所说的“宁做凤尾，不当鸡头”“要做凤凰，必先要与凤凰为伍”是同一个道理。

晓英自小聪明好学，在 2003 年参加中考时，分数离上县里最好的高中——县一中差了不到 5 分。当时她想着：这个成绩，如果进普通高中，一定会是尖子生。既然这样，何必非要去一中呢，去了名校肯定排在后

面，那是一件丢面子的事。可就是这种“宁当鸡头，不做凤尾”的决定让她极为后悔。

后来，她进了一所普通的高中，成绩算得上是第一梯队，一直稳定在班级前三名，高考发挥也算正常，不过还是将就着考了一所没名气的当地三流大学。而当年一中的学生，北大、清华都录取了好几个，其中80%的学生都考上了一本大学，剩下的20%考的大学大多都是二流大学。晓英所在的普通高中，重点大学的录取率还不到5%，20%的学生刚好能过本科线，其余的多数都上的是专科。也就是说，即使是晓英那样的精英学生，也还是在重点大学的门外徘徊。

后来晓英将自己高考失利的主要原因归结为两个字：环境。跟“凤凰”在一起学习，你也可能会变成“凤凰”，哪怕是飞得慢一点儿。如果你是只“凤凰”，在鸡窝里待久了，也就不会飞了。

晓英参加工作后，也面临着同样的选择。当时她应聘的单位有两个岗位可供她选择，一个是技术难度比较大的岗位，需要去学习很多知识，周围同部门的同事都是一些重点大学毕业的前辈；另一个是技术难度稍微小一点的，只要付出一点努力就可以胜任的岗位，相对来说竞争压力较小。当时的她也是本着“宁当鸡头，不做凤尾”的心理，选择了第二个岗位。多年过去了，晓英居然因为业务不熟练被公司裁员了。而当年与她同时入职的，选择第一个岗位的同事，因为前几年的技术学习和知识积累后，很快地使身价飞涨，成功跳槽到更好的公司，工资翻了不止一倍。

巴菲特曾经说过一句话：你最好是跟比你优秀的人混在一起，和优秀的人合伙，他们的努力模式、开放的思维方式等，都会影响到你，进而你也会开始努力，然后将不知不觉地走向优秀。现实就是如此，为了一时的安逸，压力小，竞争小，得到的就是个人能力慢速的提升和平庸的思维方式与心态模式，而这些都会不断地使人生处于熵增状态。

“欲往高处走，须向高处看”，而这种“向高处看”的心态模式，往往是由你身边的环境，或者更确切地说是身边的人决定的。与什么样的人在一起，你就会有什么样的人生。因为它们的行为、思维、眼界、格局都会在不知不觉中影响你，甚至改变你的人生轨迹。和勤奋的人在一起，你不会懒惰；和积极的人在一起，你不会消沉；与智者同行，你会不同凡响；与高人为伍，你能走向人生巅峰。

心理学家研究认为，人是唯一能够接受暗示的动物。和优者为伍，你对他的成功就会像对待自己的成功一般充满热情。随着时间的推移，你会在心中塑造出自己以及那些和你相似的人的形象。你会采取和这些人相同的价值、态度、行为、思想、意识形态以及信仰。学最好的别人，做最好的自己，学智人之智，成就自我，这也是一条成就自我的成功之道。

## 饿老鼠与饱老鼠效应：生于忧患，死于安乐

球王贝利一举成名后，记者问他的儿子是否有希望成为下一代球王时，贝利不假思索地回答说："我想不会。他和我的成长环境是不同的。我在恶劣的环境中长大，磨炼出了坚强的意志，所以才成了球王。他的生活太过安逸了，没有经受到任何磨炼，所以是不可能成为球王的。"这种在困境中成才在安乐中沉沦的现象就被称之为"饿老鼠和饱老鼠效应。"

饿老鼠和饱老鼠效应揭示的是享乐主义心态的危害，人们之所以总爱沉溺于享乐之中无法自拔，在于其符合熵增定律。但长久地在享乐中沉溺，给人们带来的是痛苦、慌乱、焦虑等。

饿老鼠和饱老鼠效应是因美国科学家麦凯做过的一项著名的动物实验而得名。麦凯把一群幼鼠分别放在两只笼子里喂养，一组每天都能获得充足的食物供应，另外一组只能获得有限的食物，几乎一直处于饥饿状态。实验的结果真是让人大跌眼镜，那组终日饱食的老鼠总是一副恹恹不振的状态，没有活过千日，就英年早逝了。而那组挨饿的老鼠一直反应迅速、行动敏捷，免疫能力也远远强于第一组老鼠，享尽天年之后才最终寿终正

寝。科学家把这项实验扩大到鱼类、兔子、猴子等多种动物，结果都是惊人的一致。

人类是一种具有高级智慧的动物，但有时也难免犯一些低级错误。人性最大的弱点就是太过贪图安逸享乐，总想享尽一切最好的东西，无节制地追求物质财富和舒适光鲜的生活，结果养成了一种懒散和贪婪的恶习，越来越难有长进。人只有通过节制，给人生做熵减，让自己饥饿一点，才能脱离低级趣味，去寻找更为高远的追求，否则就会应了那句“生于忧患、死于安乐”的古训，被奢靡舒服的好日子毁掉。富兰克林曾经给自己设定了13个人生信条，其中排在首位的就是节制，可见对享乐的节制对于一个人的一生来说有多么重要。

有一个年轻的漫画家，只身到堪萨斯城闯荡时，身上只剩下了40美元，几件旧衬衫和绘画材料外，他的皮箱里空无所有。他先是到一家报社应聘，想要在那里争得一席之地，但主编并不看好他的作品，他没有被录用。随后他拿着微薄的报酬给教堂作画。因为没有钱租用画室，他只好把一家废弃的车库当成了自己的工作室。

有一天，年轻的漫画家工作到很晚，不经意地抬起头，在昏暗的灯光下看见了一双闪闪发亮的小眼睛，那亮晶晶的光彩来自一只小老鼠。他没有伤害这只意外造访他的小精灵，而是选择了友善地注视着它，可是小老鼠还是受到了惊吓，一溜烟溜走了。以后，小老鼠又有好几次出现在了他的面前，他都没有做出过伤害它的举动，每次都是像对待老朋友那样欢迎它的到来，还拿吃剩的面包屑喂养它。渐渐地，人与鼠之间形成了一种默契，还建立起了一种超乎寻常的友谊。年轻的漫画家和小老鼠朝夕相处，他们在黑暗中默默对视，从彼此的眼神中寻求到了慰藉和温暖。

后来，年轻的漫画家离开了堪萨斯城，前往好莱坞制作卡通片，尽管十分努力，但仍然没有设计出一个让老板满意的卡通形象，他再一次失败了。在无数个不眠之夜，他苦苦思考自己接下来的出路，甚至一度认为自己根本就没有绘画天赋，坚持下去也不会有什么好结果。伤心之余，他忽然想起了黑暗中那双闪闪发光的小眼睛，那只有灵性的老鼠唤起了他的灵感，他想：何不把小老鼠作为新的卡通形象呢？它是那么可爱那么活泼。就这样，为全世界所熟知的卡通形象——米老鼠诞生了。那个年轻的漫画家就是美国著名动画大师及杰出的企业家沃尔特·迪士尼。

沃尔特·迪士尼的故事告诉我们：艰难困苦玉汝于成。一个人只有自强不息才能赢得命运的垂青。但古往今来，奢侈享乐一直是让大多数人趋之若鹜的追求，连“卧薪尝胆”的勾践在取得霸主地位后，也掉进了享乐的陷阱，由一代明君变成了昏君。这足以说明享乐的诱惑是巨大的，而要克服享乐主义心态，就要时时磨炼自己的心性和意志，像沃尔特·迪士尼那样专注于自己的理想追求，只有这样才不至于止步不前，才能让自己的人生走上更高的台阶。

爱因斯坦曾经说过：“照亮我的道路，并且不断地给我新的勇气去愉快地正视生活的理想，是善、美和真。我从来不把安逸和快乐看作生活目的本身——这种伦理基础，我叫它猪栏的理想。”如果我们把享乐当成了至上追求，就会让精神腐朽颓废，我们必须树立更崇高的人生目标，培养健康的生活情趣，才能抵制享乐之风的腐蚀，才能对抗熵增。

## 沃尔森法则：你得到多少，取决于你知道多少

沃尔森法则是美国著名的企业家 S. M. 沃尔森提出的法则，即指如若将信息和情报放在第一位，金钱就会滚滚而来。沃尔森法则说明了信息对获得财富的重要作用，同时也说明，降低信息熵会有效地提升我们成功的效率，降低内在能量的耗散，从而有效地对抗人生的熵增。

我们知道，人类进化的过程就是不断智能化以不断熵减为目的的过程。要让自己变得越来越智能化，关键在于降低信息熵。所谓的信息熵，就是用来度量信息的不确定度或者说信息的混乱度，信息熵越大，我们面

临的不确定性也就越大。相反，当你能够获得更多的信息，便会消除对人生和生活的一些不确定性，那自身产生的熵自然就减少了。在现实生活中，全世界诸多大佬所缔造的商业奇迹与成功秘诀，都源于对前瞻性信息的准确把握。

库鲁特是位著名的犹太人，也是一位极善于抓住信息、捕捉商机、拓宽创业道路的生意人，他是靠掌握和利用信息登上商业巅峰的典范人物，那么，库鲁特是如何利用信息来赚钱的呢？

原来，库鲁特本身出身于穷苦之家，因为天资聪颖，精明能干，其早在 1993 年就已经创立了自己的公司——里尔蒙公司。初期，该公司只是参与一些计算机和通信的网络业务，它的一个子公司库鲁特精密公司则主要为各大投资公司提供各个行业的市场分析、运作情况、战略方法及技巧等方面的信息和情报。

在为那些投资公司服务的过程中，库鲁特就有意识地搜集各方面信息，并寻找其中可以为己所用的。一次，库鲁特得知一条信息，那就是电子市场开始出现供不应求的现象。同时，库鲁特还了解到一条信息，北美有一个叫贝尔曼的人发明了一项技术，能使电子仪器的产量得到大幅度的攀升。库鲁特敏锐地意识到，这两条信息之间蕴藏着巨大的商机。于是，他马上和好友福斯特商讨，福斯特对此也非常认可，两人一拍即合，想要合资创办一家电子制造厂，但是资金不够，需要从银行借贷一些钱作为周转。

这时，性格相对保守的福斯特却开始动摇了，他不想冒太大的风险，认为将所有的资金都投到一个地方，而且是向银行借贷，风险太大了，最后搞不好会倾家荡产的。库鲁特却对自己掌握的信息极有把握，认定这是一个好的机会，应该先下手为强，到时候肯定会发大财，值得下注。所以，他便开始力劝福斯特，不断地给他打气。在库鲁特的一再劝说下，福斯特终于恢复了信心，于是，两人便开始分头去找厂地。

两人经过努力，在四五天后，福斯特最先找到了城外一块废弃的荒地，在打电话与库鲁特商量之后，他当即买下了这块地。就这样，库鲁特与福斯特合办的工厂在这片荒地上建立了起来，两人的创富之路就此开启。在短短的几年时间内，这家电子制造厂因为有效的信息作保障，利润直线上升，从100万美元、500万美元一路狂飙到5000万美元，库鲁特所拥有的资产也一下升值到了上亿美元。

仅依靠两条信息便做出了如此的抉择，库鲁特的做法颇有破釜沉舟的味道，就像他的合伙人福斯特所认为的那样，其中的确是有风险的，但那些富有雄才大略的创业者却有足够的信心与卓越的判断力，才能将信息变成财富。否则，信息如若不能善加利用，即使知道再多的信息，也是无用的。

在现实中，诸多的商人对信息都极其敏感，他们也善于抓住和利用信息，这与他们的成长历史有着极大的关系，尤其是世界上极善经商的犹太商人，他们对信息的重视程度更是闻名全球。他们认为，信息就是金钱，抓住了信息就等于抓住了财富，生意人只有善于收集信息、掌握信息和利用信息，才能在市场中掌握主动权，成就事业也就不是什么难事了。但关键是，我们怎样获得信息？或者应该说，我们怎样获得信息，并将其顺利地转化成财富呢？实际上，在现实生活中，我们获得信息的方式是多种多样的，比如通过学习获得的，再比如各种电视、网络、报纸等种种媒介去获得信息，并加以分析和甄别，再结合自身的优势加以利用，从而完成创富计划。当然，生活中还有一种获得信息的主要方式，就是人际沟通。

美国通用电气公司总裁杰克·韦尔奇曾说过这样经典的话："沟通即为财富。"在这个信息时代，要想成功，就一定要掌握比别人更多的信息资源。而沟通则成为信息来源的有效途径和载体。

刘昭是一位极为成功的商业精英人士，当有人问及他成功的秘诀时，他这样说道："我的生意之所以越做越大，越做越红火，与自己不断地穿梭于各大朋友圈是分不开的，在朋友圈中，我可以获取更多的商业信息和商业机遇。一个餐桌便是一个小社会，它聚拢了各界人士，可以从中获得更多的在报刊上所不能看到的商业信息。有的时候，参加一次宴会所收获的利益要比你埋头苦干十几年所获得的利益还要多得多！”

美国电话电报公司的总经理吉福特本是一名小小的店员，后来就是凭借自己极强的沟通能力获得了极大的成功。后来，他常常在向人们介绍自己的成功经验时说道：一个人要成大事，最重要的就是沟通能力……一点都没错，拥有良好的沟通能力是我们事业获得成功的必备条件，也是一笔不可多得的无形资产。

由此可见沟通能力的重要性，它与财富与成功是密切相关的，掌握了沟通技巧与沟通方法，就相当于拥有了巨额的财富之源。当然了，这里所说的沟通主要是指人际沟通，还有一种方式，就是利用你手中的一切人力资源，多多地营造沟通氛围与沟通环境，让内部的信息流通起来，从而产生财富效益。

杰迅公司是一家以生产汽车配件为主的企业，在短短几年内就由一个中型企业发展为拥有上百亿美元的大型企业。之所以有如此快的发展步伐，主要是因为公司领导极为重视与员工之间的交流和沟通。

杰瑞是杰迅一家分公司的总经理，他平时都将与员工之间的交流放在主要地位来做。在其他同类的公司中，企业都会制定厚达几十页的政策指南，而杰瑞则将公司的政策只缩减为一页篇幅的宗旨陈述。其中有一项为：面对面的交流是联系员工、保持信任与激发热情的最为有效的手段。这一条就是让员工了解并与管理层讨论企业的全部经营状况。

作为总经理的杰瑞十分重视面对面的交流，强调同一切人讨论一切的问题。他要求各个部门的管理机构和本部门的所有成员之间每个月都要举行一次面对面的会议，直接而具体地讨论公司的每一项工作的细节。另外，他还十分注重与基层员工进行交流和沟通，工作中的每一个细节，他都会仔细地与之讨论，遇到问题，还会采纳众人的意见，做出最佳的解决方案。

经过杰瑞与员工的共同努力，在并无大规模资本开支的情况之下，他的员工人均销售额已经猛增3倍。这对于一个身处如此乏味的行业的大企业来说，是极为了不起的。

在商场上，有效的沟通技巧不仅仅能让人心情舒畅，更能够赢得更多的合作和成功的机会。沟通方式多种多样，如直接沟通、间接沟通、肢体语言沟通等，然而，最为亲切和有效的交流方式就是面对面的交流，通过此，你可以最直接地感受到对方的心理变化，能够在第一时间内准确地了解对方的真实想法，从而达到良好的合作效果。

沟通即为财富，是一个有着极为深刻内涵的理念。在事业的起步阶段，不管你是个人奋斗还是带着一个团队奋斗，有效的沟通都是财富的最佳载体，也是通向成功、创造财富的最佳方法。当今时代是个信息时代，信息中都蕴含着财富，而欲想得到更多的信息，就一定要掌握有效的沟通方式与技巧，如果掌握了这个技能，你就拿到了一张潜力十足的股票，等待你的，将是这只股票十分可观的增值收益！

## 定式效应：小心被经验套牢

要对抗人生的熵增，一方面要懂得持续性地逆势做功，另一方面要开放自己的系统，不断地排除自己内在的熵。这内在的熵包含的内容是多方面的，比如摄入多余的热量，我们要通过运动将它耗散掉才能保持健康，比如凌乱不堪的负面情绪，我们要通过冥想等方式让心灵恢复平静；再比如陈旧的观念，我们就要通过学习，及时更新旧的认知，不断地摄入新的认知，即最大可能地避免自己陷入定式思维中。在现实生活中，人的思维普遍遵循着一种定式，最典型的例子就是我们所熟知的郑人疑斧的典故，说的是有个姓郑的人丢了斧子，怀疑是被邻居的儿子偷去了，于是观察他走路的姿势和脸上的神情，无论怎么看都觉得他就是一个盗贼。后来找到了斧子，再去观察邻居的儿子，忽然觉得对方的一举一动都和盗贼相去甚远了。这就是定式效应在起作用。

定式效应是指人们的认识局限于已知的信息和过往的经验，从而形成了一种固定的思考模式，使得人们依据老眼光和旧模式观察人或事物。苏联社会心理学家曾经做过测试定式效应的实验，他把同一个人的照片分别给两组受试者看，对第一组人说此人是个臭名昭著的罪犯，对第二组人说此人是个受人尊敬的知名学者。相片中的人物特征为双眼深陷、下巴翘起，结果第一组受试者认为他凹陷的眼睛透出狡诈残忍的光芒，翘起的下巴显示出顽固不化的性格。第二组则认为他深陷的双眼透露着智慧，一看就知道他是一个思想深邃的学者，翘起的下巴则显示出其顽强不息的精神。

为什么面对同一个人，两组人员的评价会如此不同？答案是他们都受到了定式效应的干扰。当被告知照片中的人是罪犯时，人们就是以审视罪犯的眼光来审视这个陌生人的，所以从对方的面部特征上解读出了狡猾、凶残等信息。而把这个人当成著名学者来看时，人们则不自觉地把一些美好的品质加在了他身上，把对方描绘成了睿智、博学的好人。这足以说明人的认知是受先前积累的知识和经验的束缚的。

定式效应反映的是一种根深蒂固的惯性思维方式，它会不知不觉地深入我们的潜意识之中，限制我们的自由想象和思考，把我们引向一条看似合理却错误的道路。如果我们不能摆脱定式效应的影响，就会被过去的经验套牢，判断事物时会经常出现偏差，着手处理问题时也极容易走进困局。

美国科普作家阿西莫夫天资聪颖，智商在160分左右，堪称天才。为此，他一直十分得意。作为高智商博士和知名作家，似乎没有什么事情能难倒他。让阿西莫夫万万没有想到的是，自己会被一名汽车修理工提出的问题难住。

那名汽车修理工有一天对他说："博士，让我出一道题检测一下你的智力，看看你能不能说出正确答案。"阿西莫夫接受了这个挑战，他并不认为一个学历不高的修理工能提出什么高深莫测的问题。修理工问："有位聋哑人到五金店买钉子，他朝售货员打手势说明自己想要什么，将左手两指立在柜台上，右手握拳做出敲打的动作。售货员给了他一把锤子，他摇了摇头，特地指了指立在柜台的两根指头。售货员恍然大悟，把钉子递给了他。聋哑人刚离开，有位盲人进了商店，他想要买一把剪刀。你认为盲人会怎么做？"

阿西莫夫心想这个问题太简单了，于是边打手势边说："他会做这个动作。"他伸出了两根手指，做剪刀状。修理工一听忍不住哈哈大笑："博士，你答错了。盲人买剪刀只要说一声自己想要什么就行了，根本用不着做手势呀。"阿西莫夫这才意识到自己犯了低级错误。修理工又接着说："我早就料到你会答错。因为你受过太多教育，所以看上去很聪明，实际上却不是这样。"

博士因为储备了太多的知识，头脑反而不如一个修理工灵活，可见，知识和经验也会成为人的负累，一个人掌握的知识越多，积累的经验越丰富，就越容易形成思维定式，而这种思维方式常把人带进固有的路径和模式，使人陷入思考的误区，对此我们一定要加以警惕。

人的思维空间本该是无限延展的，可以容纳亿万种可能性，然而由于定式效应的干扰，我们的思维被限制在一个狭小的区域，那个区域是为我们所熟知的，也是阻碍我们探求其他路径的最大障碍，我们必须要不断地学习，不断地去汲取新的知识，以更新旧有的认知，不被经验主义困住手脚。

## 海格力斯效应：“仇恨”是会不断繁殖的

生活中经常出现这样的现象：由于误解或嫉妒，两个人之间有了矛盾，这时候，如果你想报复对方，就会加深对方对你的仇恨，有可能导致对方挖空心思加害于你；如果你还不罢休，他就会更加恶毒地报复你。在这个过程中，你心中的敌意越深，对方对你的报复可能就会越狠毒，直到两败俱伤。这样的现象延伸出来就是“海格力斯效应”。

“海格力斯效应”告诫我们：仇恨是会不断地繁殖的，它是导致人们情绪熵增的主要因素。如果遇到不平之事你无法释怀，我们在它上面消耗的能量就会越来越多，浪费的精力也越来越多，最终是害人伤己。

不可否认，内心充满“仇恨”对人是一种折磨和伤害，它能瞬间让我们的情绪熵值不断飙升，使我们陷入极为严重的内耗中无法自拔。所以，去恨一个人比伤自己还要恐怖。被恨的人是受不到什么伤害的，而去恨的那个人只会让自己伤得越来越重，其生活只会被尘霾和阴冷所笼罩。所以，我们要对抗自身的情绪熵，就必须要先学会放下仇恨。

“海格力斯效应”告诉我们，仇恨是解决人际矛盾和冲突最差劲的方式。怀着仇恨，只会使矛盾越来越深，人际关系变得越来越差，内耗越来越严重。

在希腊流传着一则发人深省的寓言故事，讲述的是有个叫海格力斯的大力士，一天他在山路上行走，看到有个鼓鼓的袋子模样的东西横在了路中间，他嫌它难看，又怪它挡住了自己的道路，便狠狠地朝那东西踩了一脚。谁知那东西居然迅速膨胀起来，而且越变越大。海格力斯又惊又气，操起一根碗口粗的大棒便朝那怪东西砸了下去，怎料那东西成倍成倍地变大，最后竟把路封死了。海格力斯正因为无计可施而苦闷，这时恰好有位圣者路过，他给了海格力斯一个忠告：“朋友，你别再动它了，忽略它，忘记它吧。它叫仇恨袋，你不侵犯它，它就像你初见时那样小，你要是总是记着它、冒犯它，它就会马上膨胀起来，和你对抗到底。”

仇恨就像海格力斯在路上遇到的那个古怪的袋子，起初它本来是很小的，假如你能宽大为怀、选择忘却，那么任何人都不会受到伤害，但是如果你选择了记恨和报复，那么仇恨便会成倍地膨胀，使我们的内在情绪瞬间处于混乱状态，直至无法收场。

俗话说得好：“冤冤相报何时了。”以怨报怨是解决矛盾和纠纷最差劲的一种方式，它很容易让我们陷入“以牙还牙、以眼还眼”的恶性循环，导致玉石俱焚的可怕后果。与其如此，还不如大度一点，包容和原谅对方的过失，主动和别人冰释前嫌，把敌人变成朋友，这样一方面可以有效地降低自身的情绪熵，另一方面还能让自己收获友谊，并在不断的沟通中提升自我认知，降低自身的信息熵。

卡尔是一个专门从事砖块生意的商人，由于生意兴隆，遭到了竞争对手的妒忌，那名对手到处向别人散播谣言，诋毁他的信誉，还贬低其砖块的品质。人们信以为真，不再向卡尔购买砖块，公司因此损失了很多订单，卡尔非常愤怒。

星期天早上，卡尔去教堂做礼拜，听牧师宣讲如何施恩于那些为难过自己的人，怎样和别人化敌为友。卡尔很赞同牧师的说法，觉得他说的句句都是金玉良言，不过要把这样的观点运用到现实生活中，卡尔觉得自己真是做不到。他的竞争对手实在太卑鄙了，所作所为真是让人难以原谅。这样的人难道也能成为自己的朋友吗？

到了下午，卡尔还在思考牧师的话，正在他感到矛盾的时候，忽然听说弗吉尼亚州有个客户正在建造办公楼，需要的砖型恰好是竞争对手售卖的那种。由于自己公司不生产那种砖，他没办法接下那单生意，不过他可以把生意转给竞争对手，以此证明牧师的话是错误的。他想以竞争对手的品行，即使受了别人恩惠也不会知道感恩，搞不好他还在琢磨使用什么更卑劣的伎俩呢。

这样一想，卡尔便迅速拨通了竞争对手的电话，把弗吉尼亚州的那笔生意介绍给了他。没想到竞争对手竟对他十分感激，并且由衷地感到万分羞愧。后来，竞争对手再也没有散布过不利于卡尔的谣言，还主动把自己做不了的生意转给卡尔做。此后，卡尔的生意越来越好，他万万没有想到的是，感化了一个敌人，他真的多了一个朋友。

以德报怨是化敌为友最好的方式，只要你能做到得饶人处且饶人，用宽仁代替仇恨，那么必然能收获善果。世上没有永远的敌人，也没有解不开的仇恨，只有一颗不肯原谅的心。宽恕别人，其实也是宽恕自己，冤冤相报只会制造更多的痛苦。与其让仇恨啃噬内心，还不如放下一切，主动化干戈为玉帛，与敌人“相逢一笑泯恩仇”。这样做既卸下了自己的心理负担，降低了内在的自我消耗，又给了别人一次改正的机会，何乐而不为呢？

从理性的角度分析，当我们被“仇恨”折磨时，就要学着去释怀，懂得去宽恕别人，这样才能让自己的精神得以解脱，这也是在放过自己。

很多时候，怨恨是一个人对受到深深的、无辜伤害的自然反应。无论它是被动的还是主动的，仇恨都是一种郁积着的邪恶，它窒息着快乐，危害着健康，它对仇恨者的伤害比被怨恨者更大。而清除怨恨最直接有效的方法便是宽恕，宽恕必须承受被伤害的事实，要经过从“怨恨对方”，到“我认了”的情绪转折，最后认识到不宽恕的坏处，从而积极地去思考如何原谅对方。

饶恕和宽容是一种能力，一种驾驭爱恨的能力。宽恕不只是慈悲，也是修养。

如莎士比亚说：“不要因为你的敌人而燃起一把怒火，热得烧伤你自己。”它旨在告诫我们，宽恕他人，其实就是熄灭了烧伤自己的火把。艾森豪威尔将军的儿子约翰说：“我父亲不会一直怀恨别人。”他说：“我爸爸从来不浪费一分钟，去想那些不喜欢的人。”

为此，我们在面对伤害，在痛苦之余，一定要懂得宽恕，这并非要求你做一个没有原则的人，也不是给予对方的福利。宽恕反而是强者的行为，当你不计较别人给予的伤害，在这一刻，你已经超越了他的境界，成为比他还要强大的那种人。这样你也能得到解脱，因为你先学会了宽恕，所以你也能最先摆脱精神上的枷锁。

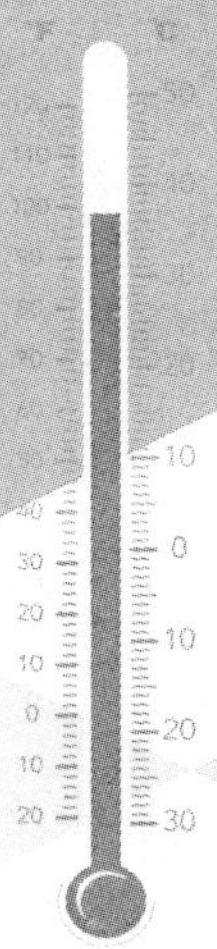

# 第七章

# 熵减，企业的活力之源

任何一个组织都是不断走向熵增的过程，这主要表现在内部管理越来越复杂，内部人员越来越懒散，组织结构越来越臃肿，内部运转效率越来越低，最终走向“死亡”。所以，熵增定律在企业管理中有着极为广泛的应用，企业管理的目的，就是为了对抗熵增，以求尽可能地延长企业的寿命。本章从企业管理的角度，进一步阐述了熵增定律在现实中的广泛应用，希望能为管理者提供一些新的管理思路！

## 熵增带来的“伤痛”：贪规模，求全面

企业在发展的过程中熵增是一个必然的趋势。从内部规模上来说，多数企业在发展过程中过分地贪求规模，大肆地搞扩张，求全面：什么赚钱做什么，什么都想做，什么领域都想涉及，然后拿三分的钱，去做十分的事。等公司规模壮大后，很容易出现各种各样的问题，比如核心产业的竞争力下降、资金链的断裂、管理混乱等，承受风险的能力反而降低。尤其是在经济下行或遇到金融危机时，很容易在一夜之间走向破产或者失败。

国内一家专门经营体育用品的大型企业，其旗下的服装、体育器材等品牌曾经在国内风靡一时。在企业发展势头正好的时候，该企业便开始了大规模的扩张之路。他们的扩张只是单纯地资本扩张，却没有对未来的消费市场做正确的预估，只管生产，丝毫不关心市场增长的幅度，也未弄清楚他们扩张后的目标消费人群。在经历了产能的不断扩张之路后，库存堆积开始不断地凸显，大量的积压产品，让其品牌在运动休闲服装领域彻底失去了竞争力。

在战略布局上，该品牌在发展势头正猛的时候，野心开始不断地膨胀，并扬言要进军国际市场。同时，他也将国内的目标消费人群定在了新生代的“90后”身上。“90后”作为新生代，对该品牌并没有深刻的感知，仅仅依靠口号与轰炸式的推广，自然也难以打动他们的心。这次战略布局，不仅没能让“90后”接纳，相反，还让企业失去了原先的一些中青年客户，这次失误，让企业的国际战略布局化为了泡影，也将该品牌的发展推向了谷底。

在技术方面，该运动品牌原先最吸引人的地方首先是专业，以篮球鞋为例，缓震、启动、安全、轻便等各个方面对篮球爱好者都很重要。其他的运动品牌，比如NIKE和阿迪达斯等，之所以获得长足的发展，是因为

始终坚持技术方面的创新，比如 NIKE 从鞋底到鞋面，始终在针对不同的受众群体，给予细节方面的不同处理，一直在用技术创新来满足对运动产品专业性要求越来越高的用户。而该品牌在篮球鞋方面的技术仍旧延续了过去老旧的技术，几年来只管埋头扩张生产规模，却没能沉下心来搞技术创新，为此，该品牌给人的感觉就是过时的、陈旧的、没有吸引力的。

在人才管理方面，自该品牌开始自我膨胀，开展扩张之路后，企业内部开始出现严重的亏损，许多管理人才也陆续离开，这使该品牌的发展陷入了绝境。

实际上，在该品牌衰败之时，浙江的一些主攻低端市场的平价运动产品却异军突起，迅速占领市场。这些企业多以代工企业出身，处于产业链的低端，通过积累资金实力雄厚之后，就开始沉下心、埋下头来做自己的品牌，然后通过轰炸式的广告影响受众群体，再通过发展代理商，逐步地壮大起来。这些企业因为规模小，所以对市场的反应较为灵敏。他们既生产有明星代言的签名、高端系列，还有主攻低端市场的平价产品。兜里揣着 100 元的消费者买得到，揣着 300 元的挑得爽，揣着 600 元的觉着便宜。他们依靠丰富的产品生产线，吸引了大量的受众群体，获得了不错的发展势头，获得的利润也十分可观。

的确，许多企业在贪求发展规模的时候，难免会忽略了市场调查、技术创新、人才管理方面的问题，因为规模大，很容易因为战略或管理上一个小小的失误而将整个集团拖入绝境。企业家俞敏洪说："许多企业家都有一个通病，便是急功近利，盲目地贪求规模，花钱请名人代言，然后推出几个模糊的科技概念，做企业还是需要踏踏实实地一步一步地积累。"

在当今经济下行的形势下，贪求规模，大肆搞扩张，已经不适合企业的发展模式，那些之前贪规模、搞扩张之后的大公司，已经开始懊悔。

一家以副食品生产为主业的大集团企业，其属下有 10000 多家子公司，但 90%的利润皆源于两个副食品方面的企业：厨房食用油和粮食加工业。

该集团的领导十分懊恼地表示，如果当年公司能够勇于舍弃，专门又专心地搞副食品生产，到今天一定能够成为最盈利的副食品公司。但因为当初的集团领导人为了加快发展步伐，四处寻找机会，什么赚钱做什么。如今该企业所涉足的产业十分广泛，比如房产、厨具、五金、金融、互联网等产业，这些产业内部因为缺乏精细化管理，已经连连亏损，成为该集团的“拖累”，该集团领导对此也悔恨不已。

随着市场竞争的加剧，多数行业的成长空间与先发优势已经消失殆尽，许多企业因为涉足领域太广，无法集中精力去提升其产品的竞争力，甚至连原来的优势产业也被拖累，这是当下许多大公司的发展困境。其实，在当前的市场环境中，那些“小而精”型的企业，则能最大限度地赢得利润，他们只专心做一项，并在自己擅长的领域坚定不移地钻研，努力将产品做精，将服务做好，反而能够赢得更多的客户，赢得市场。

## 给组织做熵减，就从极简管理开始

管理的终极本质是持续性地给企业做熵减。而给企业做熵减，要先从极简管理开始。要知道，企业在自身运营的过程中，如果管理的复杂度不断地增加，那也意味着管理者对企业内部的干预越来越多，对员工的行为或想法干扰越多，就会阻碍员工的创新活力，在一定程度上造成内耗。

“极简主义”用英文可以理解为“Less is more”，指的是少即是多，它指的是一切从简，即是获得。如今，这已经成为多数人的生活理念。极简主义应用到管理的范畴，便有了极简主义的管理风格，它强调的是专注聚焦，抓住核心价值，持续性激发员工的活力与热情，从根本上提升企业的效率。德鲁克说，管理就是两件事：降低成本、提高效率。而极简主义的管理风格正是通过简化管理的方式来降低内耗，提升效率，进而成就企业的“高效益”。

2007 年 11 月 15 日，飞利浦全球 128000 名员工全部都停工一天，是为了让员工讨论“简单与我”。这一天的讨论，机会成本高达 1 亿美元。简单，这有什么好谈的？而飞利浦公司为何要这样做呢？

为此，飞利浦换下了用了快十年的企业口号“Let’s make things better”（让我们做得更好），换上了“sense and simplicity”（精于心，简于形）。

在过去的三年时间里，飞利浦在全球举行多场简约盛会，对外推出令人耳目一新的简约设计，和消费者重新对话。简单，不只是设计和开发部门的事，随着组织的简化、目标的调整，全部的员工都需要用更简单、快速的方式沟通。简单化已经成为飞利浦的必备能力和共通语言。

如今，极简主义已经深入企业管理的方方面面。科技流行极简主义，设计流行极简主义，功能流行极简主义，在很多优秀的跨国公司内部，极简主义的管理风格也在盛行。这就是管理者在以极少的干预，以激发企业内部的创新活力，降低内耗，提升效率。

美国通用电气公司有 34 万名员工，遍布全球的 100 多个国家和地区不断地运转，为什么？因为简单。通用的简单，在于勾勒了以一年为一个单元，以一个季度为一个小单元的战略执行系统，简单得不能再简单。而正是这种简单的管理模式，使通用电气公司的利润飞涨，使公司的整体效率上了一个台阶。

一般来讲，极简主义的管理风格包括以下三个特点：

1. 极简主义往往从事情的本质出发。

2. 极简主义能够减少冗余的信息，减少过多的主观。

3. 极简要求做到专注和聚焦，不再遍地开花，什么赚钱做什么，而是聚焦于某一个领域，将产品做精、做细、做深入，做到富有竞争力。

另外，极简在管理中有如下几点优势。

1. 关注价值

极简管理要以终为始，不断地更新迭代，始终关注价值。以价值高低为标尺，判断哪些事情值得去做，哪些策略应该执行；强调员工的激情和参与，提高组织目标和员工发展的契合度；要始终坚持自己的价值观，坚持以价值优先的判断依据。信奉极简式管理的经营者或管理者，往往都会以最少的工作取得最有价值的成果。

2. 组织结构简单

在激烈的市场竞争中，效率就是一切。为提升效率，管理者会最大限度地简化组织结构，以确保沟通的高效性，进而快速地把握市场，赢得机会。

3. 设计和产品呈现简单化

极简管理的管理目标，始终以为客户创造价值为终极目标。为了更好地赢得客户，管理者始终能站在客户的角度思考问题，追求产品的精益求精，在设计和营销上也追求极简化管理模式。

4. 减少浪费

一些在大公司工作的经营者或管理者都有这样的体会：大公司的资源相对充裕，很多时候，他们更关注体系的建设而不关注解决问题，这让管理陷入复杂化。而实际上很多企业不是缺少管理，反而是管理太多；不是体系建设不足，而是系统能力不足；不是员工执行力不够，而是管理指令太多导致无法执行。

采用极简式管理的经营者，往往会砍掉那些冗长且无意义的会议，不再做冗长的报告。同时，他们会时刻提醒自己要保持最少量的干扰，让员工能自由地发挥，工作说明要清晰易懂；要避免冗长，忽略那些繁文缛节，舍弃掉那些为了证明存在而存在的流程。

5. 专注于聚焦

这是一个信息繁杂的时代，如果企业的管理太过复杂，组织的层级太过繁多、制度体系复杂、任务分工烦琐，甚至连企业文化都搞得很繁冗，那么整个组织团队就会无法专注聚焦到真正有价值的事情上面。尤其是创业公司在资源有限的情况下，人的时间和精力都是稀缺资源。专注则是一种昂贵的易耗品，专注力就那么多，当我们无法做到专注聚焦时，所付出的代价可能是无法将自身的潜能完全发挥。

从上而下的极简管理，能让员工只需要关心如何把事情做好，形成一种高效率的思维意识和执行风格，把宝贵的精力聚焦在最核心的事情上面。以极简的管理方式使企业的不同部门和个体目标快速一致，有效协同，减少资源浪费，做到高瞻远瞩，做好每阶段最重要的事情，才是通往成功路上的“捷径”。

6. 更多的包容

极简管理的另一个作用是，团队会变得更能够包容。因为你聚焦价值，将精力都放在了有价值的事情上面，对于周围的人与事，你能够更为清晰地看到有价值的东西，而不被那些不好的事情、不好的情绪所遮蔽。而且，人又是一种情绪动物，情绪的作用是相互的，多余的负面情绪会带来更大的团队管理成本。

因为极简，能够产生更多的包容，包容团队个体的差异化，能够让团队更加明确所做的事情的价值所在，能够激发出更多的正面情绪，让整个团队释放出更多的正能量。没有人能够靠忍耐行事，基于价值的包容才能够让团队更有持久的凝聚力，从而创造出更大的价值。

德鲁克先生的管理理论中强调管理的“有效性”。管理应当有效，是促进协同，提高效率，而不是复杂化。总而言之，极简的管理方式就是要通过砍掉一些看似合理实则无价值的东西，来尽可能地减少那些明显弊大于利的事情，化繁为简，既能节省时间，又能提高效率，是一种集简单与高效于一体的企业管理模式。

总之，无论你的企业有多么庞大，无论你的客户有多么广泛，不管你的员工数量有多么惊人，你都要相信，一个能够抓住重点、把握方向、找到简单方法并有效执行的企业，总会获得成功的。

## 组织结构“扁平化”：高效率的保证

给企业做熵减，从大的管理层面来说，要精简结构，即实施所谓的“扁平化”结构。要知道，传统的“金字塔”式的层级分明的企业管理组织结构已经成为提升企业“效率”的重要阻碍，也是导致企业熵增值不断增大的主要原因。从管理的层面来说，传统的“金字塔”式的组织结构模型僵化缺乏灵活性：行政结构越来越庞大，各个部门之间的横向联系极为薄弱，各个部门之间的协调越来越难，各个职能的成员注重部门目标而不是企业的整体目标，使工作效率低下。同时，一旦遇到问题，各个部门之间则是互相推诿、相互抱怨。这样不仅造成人力资源的浪费，增加生产成本，而且还大大降低了运营效率。可以说，金字塔式的自上而下的矩阵图式的传统的企业组织架构，已经难以适应激烈的市场竞争与快速变化的环境要求。为此，对企业原有的组织结构进行“瘦身”，推行“扁平化”的组织结构已经势在必行。

这几年来，小米的发展速度可谓令人惊讶，在短短的几年内，小米手机的产品产量为何能冲进全球前三？这都得益于小米公司内部实施“扁平化”的组织结构与简化管理。他们始终认为：互联网时代，公司必须学会缩短与消费者之间的距离，真正做到贴近用户、走进消费者的心里，与消费者融合到一起。只有这样才能跟消费者进行有效的互动，才能够顺利将消费者变成小米产品的推动者，甚至是变成小米的产品设计研发人才，传播和推动小米产品。而要实现这些目标就要对公司组织进行扁平化的设计，也就是组织要做到尽量地简化。同时也算是新经济背景下的一种管理理念：简约、高效、极致。

小米公司的组织完全是扁平化的，基本上 7 个人就是一个小团体，形成一个自主的经济体。其组织架构基本上就是核心创始人—部门领导—员工这三级，而且小米从来没有打卡制度，没有考核制度，主要强调员工的自我驱动，强调要把别人的事当成自己的事，强调责任感。小米公司的每个小团体的行为目标完成是围绕市场与用户体验价值而定的，决不让团队过大，团队一旦达到一定的规模，就要拆分，变成项目制，大家进行自动协同，然后承担各自的任务和责任。

从整体上来看，小米公司的管理非常简单，一层产品、一层营销、一层硬件、一层电商，每层由一名创始人坐镇，大家互不干涉，除七个创始人有职位外，其他人都没有职位，都是工程师。所有员工晋升的唯一奖励就是：涨薪。不需要员工考虑太多杂事和杂念，没有什么团队利益，一心扑在本职工作上。

当然，扁平化的组织之间也是有竞争制度的，大家为了竞争做事情，为创新而创新，而不一定是为了用户而创新。其他公司对工程师强调是把技术做好，而小米的要求是，工程师要对用户的价值负责任，为伙伴负责，而不是为技术而技术。

世界战略管理大师哈默尔指出，一个公司的人员越多，就会有越多层的员工层组，每一层都需要管理人员去管理下一层的工作人员。但是管理人员越多，基层员工的意见和建议就越难被听到。而决策的敲定和执行也会越来越没效率，致使企业内部的熵增值加大。哈默尔认为，要解决这个问题，只需要解雇所有的管理者就能解决。

除了国内的小米，世界最大的西红柿加工厂——美国的“晨星西红柿”公司，就是“扁平化”组织结构理论的执行者。1990 年，“晨星西红柿”公司创立，拥有 400 名专职员工和 3000 名兼职员工的“晨星西红柿”公司利润增长很快，员工流失率非常低，创新能力还很高。但没有管理层、没有 CEO，所有人都没有头衔，也无所谓升职。无论是生物学家、农场工人还是公司会计，所有人才都同样对公司负责。员工的职责、绩效指标和工资都是自己和同事商量的，预算也是靠员工商量出来的，没有涉及金钱和地位的政治斗争，员工更加感到的是对同事负责，而不是对老板负责。当公司规模扩大时，旧的“金字塔”式的管理结构是增加管理层，而“扁平化”管理所实施的有效办法是每个部门增加“班长式”的小团队，增加管理幅度。

可以说，“扁平化”管理是以工作流程为中心而非以部门职能来构建组织结构。由于组织架构得到了细分，基层的阿米巴组织也能够最大限度地发挥公司整体的能量。企业员工经过组织划分后，由于责任细化，便会萌生一种经营自家企业的意识，工作会更加积极主动，从而在公司中传递源源不断的正能量。

将组织简化，划小经营核算单位，管理去中心化，激发活力，从中央集权变成小单位“作战”，是未来企业发展的趋势。无论是海尔的自主经营体，还是华为的“班长的战争”，都是在把大企业做小，激发经营活力，提高各个经营体的自主经营能力。相应地，组织管理出现去中心化，管理层级越来越少，组织变得更为简约，以激发组织活力。同时，实现总部的平台化、集约化，以提高总部对市场一线的支持服务能力；而一线则要提高综合作战能力，对市场和客户做出快速的反应，这是未来企业组织变革的趋势。

当然，企业在推行“扁平化”的组织结构时，需要注意以下几点。

1. “放权”是实现“扁平化”组织管理的关键

在现实社会中，许多企业在多年的经营中已经形成了“等级森严”的管理等级，要实现“扁平化”管理，可能会因为触及这些管理层的利益而遭到抵制，这时企业主就要拿出魄力来进行改革。同时，实现“扁平化”管理的关键在于将权力下放到基层，如果管理者不肯放权，那么即便企业的组织结构再简化，也难以真正实现“扁平化”管理。

2. 强调以用户为中心，以市场为导向，建立各自领域里的事业体

“扁平化”管理是自下往上的“蜂巢图”，由许多个“班长式”团体

构成的组织基础，每个小的组织都是一个独立的利润中心。这种组织结构，使员工打破了原有的部门界限，绕过原来的中间管理层次，直接面对顾客和向公司总体目标负责任，以群体和协作的优势赢得市场主导地位。这种管理模式灵活、敏捷、富有柔性和创造性，是提升整体公司利润的一种有效方法。

扁平化组织在公司中的运作核心是：通过“班长式”小团队的自我管理，不断地释放整体知识能量，进而实现公司价值创造空间的创新和拓展。

3. 注重企业内部良性文化的建设

“班长式”的经营结构与扁平化的组织结构，使公司的很多经营权与决策权下放到诸多的“班长”手中，这除需要制度对“班长”和“组织”进行约束外，更多时候要靠企业内部的良性健康的文化进行约束，靠价值观去凝聚人、牵引人，一切围绕“客户”，以市场为导向，在提升灵活性和自发性的同时，也要搞好监管。

由此可见，要真正实施“扁平化”管理，由企业主带头，营造良好的企业文化氛围就显得极为重要。

## 企业“平台化”：做好资源运筹与人才整合

组织结构“扁平化”，企业管理“极简化”，都是给企业做熵减的方式。当然，从大的管理方面来说，将企业“平台化”，做好资源运筹与人才的整合，也是给企业做熵增的管理方式之一。比如华为公司，内部成立子公司，将权力下放到一线工作人员身上，华为总公司的职能从“拍板决策层”变成了品牌建设、人才整合与资金资源运筹的一个支持平台，将经营权和决策权大部分都交到了基层“班长”手中。这样就激活了企业内部的活力，激发员工的工作能动性。在现阶段，一个企业竞争力的强弱，不仅体现在盈利能力上，还主要体现在对资源的运筹能力上。在新的经济形势下，身为企业主或者管理者如何才能让公司巧妙地完成总部变身为资源运筹和支持的平台，同时还能有效地提高公司的盈利能力呢？在此，我们给出以下两点建议。

1. 对公司的总资源进行充分的分析和把握

公司既作为资源运筹的总平台，身为企业主应该充分对公司的资源进行分析，同时更要关注公司重点、产品与投资的具体把握；要善于从战略发展、收益能力和风险水平等不同视角综合反映总部资产和收益状况、各下属业务单元的资源利用效率与效果；既要有横向行业标杆比较分析，也要有纵向的战略回顾；同时还需要以此为基础设计公司内部差异化的预警机制和业绩评价指标体系。在管理思路上，最重要的一点就是对公司总部的这种分析能力，管理者既要能把握定性情况，更要重视用数据说话、指针量化。

2. 总部必须是资源分配和集中决策者

在缩小公司经营单位的同时，公司的财务、人力、材料等资源必须要牢牢地掌控在总部手中，下属各单位不得作为财务投资主体，而是需要实施专业化运用，培育专业化运营的业务板块或子公司，同时，也应对各业务板块的经营风险与财务风险给予警示和监督。

## 经营单位“缩小化”：打赢“班长的战争”

要想激发企业内部的活力，给企业做熵减，身为管理者要懂得缩小经营单位，即淘汰大单位作战的“人海战术”，缩小经营单位，即从原来的以“部门作战”分割成以少数人组成的“班级作战”，尽力让每位基层员工都参与到企业的经营上来，调动每个员工的积极性和创造性，创造出“个体单位的最大效益”来。

日本经营之神稻盛和夫曾用“阿米巴经营”模式，成功将京瓷和日航推向了世界五百强。他所倡导的阿米巴经营模式就是以各个“阿米巴”的领导为核心，让其自行制订各自的计划，并依靠全体成员的智能和努力来完成目标。通过这种做法，让第一线的每一位员工都能够成为主角，主动参与公司的经营，进而实现“全员参与经营”，从而打造一支激情四射的经营团队。从大的管理层面来说，这是给企业熵减的重要方式之一。我们这里讲的缩小经营单位，与稻盛和夫所倡导的“阿米巴经营”有着异曲同工之处，都是通过简化、精确企业的组织结构，使每个人都成为价值的创造者，从根本上提升“作战能力”。

近几年来，关于缩小“经营单位”，华为做得比较多。任正非提出，“简化组织管理，让组织更轻便灵活，是我们未来组织的奋斗目标”。华为将从中央集权变成小单位作战，“通过现代化的小单位作战部队，在前方去发现战略机会，再迅速地向后方请求强大的火力，用现代化手段实施精准打击”，这就是“班长的战争”。

为实现这种改革，华为开始建立子公司董事会。过去华为一直是中央集权，因为企业的资源不够，所以得把所有的资源集聚在一起形成强大火力去冲锋。现在，品牌资源、资金资源、客户资源都有了，这时候就需要“改变阵法”，要把企业的一些重大经营决策下放到子公司董事会。

子公司董事会有一项重要的职责，就是代表资本方实现对经营者的监督。在强调“班长的战争”的同时，任正非提出，“我们既要及时放权，把指挥权交给一线，又要防止一线的人乱打仗，所以监控机制要跟上”。

华为提出，要缩小作战单元，让前方听得见炮火的人指挥战争，提升一线的综合作战能力，五年以内逐步实现“让前方来呼唤炮火”。要缩减组织层次、缩小组织规模，部门要进行功能整合和合并，总部要变成资源分配和支持的平台，以便于能快速响应前方的呼唤。

缩小经营单位，小单位作战，打“班长的战争”，是华为组织变革的一个趋势，也是未来许多企业内部组织需要变革的一个趋势，因为在这个多变的经济时代，要快速地捕捉机会、响应市场，组织就必须要精简、简约，要使得每个人参与到“价值”的创造中来，每个人都有价值地工作。

当然了，企业要缩小“经营单位”，打赢“班长的战争”，就必须注意以下几点。

1. 确立与市场挂钩的“班长部门”的核算制度

公司在追求销售额最大化和经费最小化，将组织划分成“班长部门”的小单元，每位“班长”都要根据自身部门的特点，制定“生产目标”、绩效奖励制度，让每个员工的绩效都能放到市场上去衡量，这样一方面可以让每位员工都能触摸到市场的脉搏，随时调整工作目标，可以最大限度地避免风险，另一方面可以积极地调动每位员工工作的积极性和创造性，为“班长部门”创造最大的效益，如此一来，公司的整体盈利也将会是巨大的。

2. 对“班长”实施有效的监管机制

缩小经营单位，公司将指挥权交给“班长”后，还要防止“班长”带着队伍乱打一通。所以，建立有效的监管机制就显得极为重要了。根据华为的经验，最为具体的实施方式就是建立子公司董事会，由子公司董事会代表资本去实现对“班长”的有效监管。用简单的话来说，班长是螳螂，螳螂捕蝉的时候后面还要跟一只黄雀，这只黄雀就是子公司董事会，不过，黄雀不能轻易动手抓螳螂，因为螳螂正在集中精力捕蝉。也就是说，子公司的董事会担负着十分重要的使命，既要下放权力，又要对“班长”实施有效的监督。当然，具体如何去监督，还要根据自身企业的特点制定有效的制度措施。

3. 对“班长”实施培训，不断提升他们的能力

我们在第一章中讲了对员工培训的必要性，因为当公司经营规模缩小成“班长部门”后，班长自身的能力就显得极为重要。可以说，整个公司都是由无数个“班长”组成的，他们的能力直接决定了公司的盈利能力，

也可以说，班长的能力就是整个公司的核心竞争力。国际上的通用电气、微软、苹果、谷歌，国内的小米、腾讯等，都是利用小团队研发去赢得市场主导产品的。

也正是因为这些原因，公司必须要对“班长”进行不定期的培训，让“班长”与“班长”之间进行交流，相互借鉴，提升他们的能力。

我们所说的打赢“班长的战争”，从根本上讲，就是让“班长”带领他的团队去触摸市场脉搏，提升企业的灵活度，最大限度地发挥每个员工对企业发展的“参与感”，最终从根本上实现整个公司的竞争力。

## 权力“下放”：让基层员工参与经营

给企业做熵减，将企业组织与管理的极简化和高效化后，要进一步激发企业内部的活力，接下来极为关键的就是高层领导者要懂得将权力下放。经营单位“缩小化”后，每个经营单位都是相对独立的经营实体，必须要具有一定的职权和能力。如果公司总部不愿意下放权力，总想将权力握在手中，或者经营单位不敢行使相应的权力，继续依赖公司总部，那公司“简化、高效、极致”的目标就难以实现。因此，企业经营者在缩小经营单位、划分“班长”制的经营模式时，一定要有意识地锻炼下属业务单元的独立经营能力，并赋予其一定的职权。在划分经营单位人员时，就要严格按照职权划分的规则，公司总部不该管的地方，坚决不管，经营单位要承担的责任，必须要承担起来。

当然，身为管理者，要想将权力“下放”，第一就要积极营造出“授权”的氛围。

为什么要营造一个良好的授权氛围呢？这实际上是要引起员工对授权工作的重视，观察他们对授权的看法。因此，在确定授权之前，努力营造一个好的氛围是很重要的，作为一个管理者，可以从以下几个方面着手。

1. 与员工分享企业的信息，管理者为下属提供企业的经营成本、生产效率、产品和服务质量、财务状况、业绩等一系列敏感的信息。

2. 授予员工一定的工作自主权，在一定范围内鼓励员工自己做主。

3. 明确“经营团体”中每个人的责任，让整个经营团体都富有责任感，拒绝对工作“踢皮球”的心态。

4. 帮助员工成长，作为一个管理者，要成为下属的老师和团队的带头人，创造一个良好的环境，发挥每一个人的能力。

原宏基集团董事长施振荣在管理上特别注重授权，他曾经说过：“你一插手就完了，他怎么长大?”与施振荣一起创立公司的副总裁黄少华说：“施振荣从不会强迫你做任何事，除非你同意或愿意去做。”

要想让授权取得理想的结果，有一个良好的授权氛围很是关键，作为一个管理者，不能忽视对授权氛围的营造，否则的话，员工就有可能不能正确地领会领导的真正意图和企业发展的方向。

第二要量材而用，合理授权。

公司的管理者要始终明确这样一点：以能量授权。以资历授权会贻误大事。如果想要成功授权，其关键就是需要根据员工能力大小与知识水平高低进行适当授权。同时还要保证在进行权力下放分配时，不危及管理者的权威。否则，管理者在今后的管理过程中会出现许多意想不到的问题。也就是说，管理者在向下属授权时，一定要考虑权力下放的宽度与深度。比如，需要下放多少权力，向哪些人下放权力，在哪些方向可以下放权力，哪些方面不能下放权力等。除此之外，公司的流程和在岗人员分配方面也应该做出相应的调整。

要想做好这些，公司需要通过绩效评估、素质测评、观察、访谈等方法对员工进行排序，之后才可以实施梯次授权方式。具体包括充分授权和不充分授权。

作为本田集团的第二任社长，当河岛决定在美国办厂时，企业内已经预先设立了筹备委员会，其成员主要来自人事、生产、资本三个专门委员会中的人才。虽然做出决策的是河岛，但制订具体方案的却是委员会的其他成员，河岛在授权之前，对这些人才都做了充分的调查和研究，最终得出结论，认为委员会成员会比他做得更好。

新厂最终落户俄亥俄州，令人意外的是，河岛一次也没有去看过。一天，一位副总问他为什么不到美国实地考察一番，他的回答是："我对美国完全是陌生的，既然熟悉它的人觉得这块地最好，我就该相信他的眼光。我又不是房地产商，也不是账房先生。"

对于财务和销售方面的管理，河岛完全继承了本田的作风，他把这方面的工作全权托付给副社长。1985 年 9 月，在东京青山一栋充满现代感的大楼落成了，赴日访问的英国查尔斯王子和黛安娜王妃参观了这栋大楼，传播媒体也竞相报道，本田技术研究公司的"本田青山大楼"从此扬名世界。实际去规划这栋总社大楼、提出各种方案并将它实现的是一些年轻的员工们，本田宗一郎本人没有插手过问，他对手下常说的一句话就是：不要抱着权力不放，要充分相信年轻人。

本田集团之所以能够不断创造新的业绩，实现新的突破，在很大程度上在于本田能够根据每个人的长处充分授权，对于一些有作为的年轻人，也敢于大胆起用，培养他们强烈的工作使命感，使本田集团不断向前发展。

管理者或经营者将权力下放到基层的执行者，让他们控制好自己的部门，整个公司的资源便能得到有效的利用。权力下放可以激发和鼓励员工，这份信任可以激励他们的责任心，让他们在感受到自身的重要性的同时，为公司创造价值而不仅仅是实现价值。

## 员工“创客化”：让每个员工都成为自己的CEO

将企业员工分成无数个小组，让每个小组都作为一个独立的利润中心，按照一个小企业、小商店的方式进行独立经营与核算，让员工从自己创造的价值中分享利润，这是当下诸多企业实行的经营模式。比如海尔、格力、华为、美的、中兴、阿里巴巴、腾讯……一大批企业都在实施内部员工自主经营的模式，这叫作员工“创客化”。这种管理模式一方面可以最大限度地激发员工努力创造利润的积极性，激发企业内部的活力；另一方面则可以也是极大地简化管理，有效地降低企业内部的消耗。

所谓的员工创客化，即指人是目的而非工具。德国的哲学家康德说，无论在任何时候，都不能把自己和他人当作工具。现代管理学之父德鲁克曾说，21世纪让每个人成为自己的CEO。这可以最大限度地挖掘出员工的价值来，让每个人都将自己的价值充分发挥出来，从而有效地提升企业内部的利润。张瑞敏举例说，一个鸡蛋从外面打破，一定是人类的食物，从里面打破一定是新生命的诞生，我们的任务是让每一个员工都能够孵化出来，都能够破壳而出。

一位大型超市的负责人在一次进店调研中发现：当一名一线员工每个月只有2000多元的收入时，他们可能刚刚满足温饱，每天上班也是“当一天和尚撞一天钟”而已。他们工作处于散漫消极的状态，反正卖多少、超市损失多少果蔬都和他们没有关系。但是，生鲜果蔬通常摆放在顾客进入超市最显眼的地方，是超市的“门面”，试想，顾客走到果蔬台前，发现大部分都开始发黑了，他们还有心情购买吗？还有心情继续逛超市吗？更何况，这无疑会影响到超市的信誉。

这位负责人心想，如果通过传统的加薪激励方式不太现实，因为该超市是全国连锁，在全国有6万多名员工，每人每月增加100元的收入，那该商超公司一年就要付出7200多万元的薪水，这也意味着，大约10%的净利润就没有了，因为超市本身毛利率就极低，这样一来，公司的正常运营便会受到影响。况且，100元对于员工的激励是极小的，效果更是短暂的。有没有一种方法既能节约成本，又能提高超市营运能力呢？该负责人在经营中摸索与探讨，得出结论：调动员工积极性，不能光靠加薪，必须将企业业绩跟个人建立起一种“直接关系”！

为此，该负责人将超市的人员划分成小组，每个小组负责经营一个区域，由企业和员工进行利益分成。在分成比例方面，都是通过人性化沟通，实施过程中尊重员工讨论结果，五五开、四六开，甚至三七开都可以。这样一来，员工会发现自己的收入和所在部门的收入是挂钩的，只有自己不断“开源”，才能得到更多的回报。同时，超市经营以纯利润比例来分成，那么员工就会自觉避免不必要的成本浪费。以果蔬为例，员工至少在码放时就会轻拿轻放，严格遵循保鲜程序，这是节省成本和保持优质服务的最佳方法，即所谓的“节流”。经过一个季度的实施后，整个超市果蔬部分从原来30%的损耗率降到4%左右。超市负责人在打造团队自动自发的精神中，基层员工“主人翁”的心态也被激发出来了。

该超市不仅改变经营模式，捆绑公司与员工的利益，还确立与市场直接挂钩的部门核算制度，同时下放经营权、股权激励员工。如此一来，超市内部再小的经营团队，一旦被委以经营权，也会散发出无限的潜能。这样，员工的被动立场即刻转变为老板式的主动立场，变成以创造盈利来支付成员报酬的立场，这种立场的转变也为企业培养了一大批自主经营的领导人才。

员工“创客化”的经营模式实行一段时间后，超市的业绩便有了明显的提升。据统计，该超市就单一个店面，其单月的业绩增长就达到了14%，毛利超额30%。如今，该超市离职率从约8%降至4%，商品的损耗率基本维持在4%左右，上货率、更新率大为增加，商品质量、服务质量均有提升。一年来，该商超总公司的利润率从2%提升至5%，在整个商超行业利润率约为1%的困局之下，该超市的利润率几乎可以领跑整个行业。

从长远来看，企业内部实施员工“创客化”，对企业是受益无穷的，让企业一个个单独的个体连接起来，打造一个命运共同体，在实现员工物质与精神两方面幸福的同时，也实现“经费最小化，销售最大化，效率最快化”，促进企业持续高速腾飞。

员工创客化，实质上就是给员工提供了一个创业平台，让员工当老板。

对于员工来说，如果不出资就能成为老板，拥有自己的事业，那无异于“天上掉馅饼”。利用这一点，公司完全可以在充分激发团队所有员工的积极性和创造力的基础上，培养锻炼有能力、敢担当的员工成为公司的动态合伙人。由公司提供品牌资源及品牌建设平台，合伙人0元投入，只需要出智慧、人力，开拓更多更大的市场。这也能够真正地给员工提供一个可持续、无风险、高收益、兵团作战的创业平台，满足员工当老板赚钱的梦想。有了这种好事，哪个员工不拼尽全力去努力创造价值呢？

雷军说，在互联网时代，企业赚多少钱都是透明的，所以企业必须建立透明的利益分享机制，基于每个人的能力跟贡献分享利益，这是未来企业经营的主流模式。海尔集团CEO张瑞敏说，员工创客化是颠覆转型的路径，将所有员工颠覆成一个动态合伙人制，从原来的雇佣者、执行者，变成创业者、合伙人。原来是被动的，现在是主动的，在动态的合伙人制度下，如果干得好，员工所拥有的股份可以保留甚至扩大，也就是说，每个员工都是自己的CEO，最后达到“自我创业、自我组织、自我驱动”的目的。

激发组织是一切创新的源泉，也是每一个成功企业“逆风而上”的持续动力。“熵增”是颠扑不破的热力学定律，也是企业家和管理者们屡战